HANS-PETER SORGER

DER BÄR IST WIEDER DA!

Stocker

Hans-Peter Sorger

Der Bär ist wieder da!

Konflikte und Chancen

Leopold Stocker Verlag
Graz – Stuttgart

Umschlaggestaltung: Atelier Geyer, Judendorf–Straßengel
Umschlagfoto: Werner Nagel, D-3846 Klötze

Abbildungsnachweis: Peter Fenz (Fotos gegenüber Seite 33, 4. Umschlagseite); Sonja Kracher (Seite 31, 41, 53, 90); Österreichische Nationalbibliothek (Seite 26, 28); Herwig Steiner (nach Vorlagen des Autors: Seite 34, 35, 117); H. G. Trenkwalder (Seite 30). – Alle übrigen Abbildungen wurden dem Verlag vom Autor zur Verfügung gestellt.

Die Deutsche Bibliothek – CIP-Einheitsaufnahme

Sorger, Hans-Peter:
Der Bär ist wieder da! : Konflikte und Chancen / Hans-Peter Sorger. –
Graz ; Stuttgart : Stocker, 1995
ISBN 3-7020-0715-6

ISBN 3-7020-0715-6

Druck: M. Theiss, A-9400 Wolfsberg

INHALT

Vorwort 7

Wie alles begann … 9

Unsere Arbeitsmethoden 15

Aus der Entwicklungsgeschichte des Braunbären 21

„Bär aus!“ 25

Zuwanderer 33

„Nurmi“ auf Kriegspfaden 43

„Wir könnten auch sehr gut in einer Welt ohne Konzerte und ohne Wildtiere leben…“ 57

Bärenalltag 73

Auszug aus dem Speiseplan 91

„Ans Schießen dachte ich keine Sekunde…“ 99

„Schau, daß d' vaschwindst, du schiacha Kerl!“ – Was tun, wenn man einem Bären begegnet? 107

Vom Großen Bären zum Teddybären 123

Mein Dankeschön 125

VORWORT

Nun ist der Bär tatsächlich wieder da, und wie gehen wir – Herr und Frau Österreicher – mit ihm um? Eine wohlwollende Antwort kann nur mit dem Wort „ratlos“ gegeben werden. Konfusion und unüberlegte bzw. hektische Stellungnahmen von Bärenfachleuten provozierten übereilte Aussagen der Sensationspresse. Insgesamt wird ein hoher Grad an Unsicherheit im Umgang mit Bären und mit der betroffenen Bevölkerung in Österreich demonstriert.

Nach einem für die kleine Bärenpopulation Österreichs schlimmen Jahr 1994 tut es sehr gut, wenn ein international kompetenter Bärenkenner seine zahlreichen Erfahrungen und Berichte über Bären bzw. persönlichen Kontakte mit Bären veröffentlicht. Die zum Teil fast hautnahen Begegnungen des Autors mit ihnen, die anschaulich beschriebenen und durchaus unterschiedlichen Reaktionen der Bären bieten ein lehrreiches Fallmaterial.

Seine Erfahrungen mit Grizzly- und Schwarzbären sowie ein indianischer Lehrgang über die bei uns nur mehr sporadisch anzutreffende Kunst des Spurenlesens bieten sicherlich Aussagemöglichkeiten, welche nicht unbedingt ihren geistigen Ausgangspunkt in den Studierstuben westlicher Universitäten haben. Die von Konrad Lorenz so hochgeschätzte „Gestaltwahrnehmung“ kennzeichnet jene Fähigkeit, welche u. a. zum Spurenlesen notwendig ist.

Jahrelanger Aufenthalt in der Wildnis war ein weiterer wichtiger Lehrmeister des Autors. Wen wundert es dann, daß über sehr viele und fast unglaubliche Beschreibungen über Problemlöseverhalten von Bären berichtet wird? Wie jeder Tiergärtner bestätigen kann, sind Wildtiere im allgemeinen und Bären im speziellen charakterlich durchaus verschieden. So gibt es ruhige, unruhige, ängstliche, leicht und schwer reizbare, aggressive und ausgesprochen nichtaggressive Tiere.

Die Reaktionen jeder einzelnen „Bärenpersönlichkeit“ auf einheitliche Reize (z. B. Störungen) sind unterschiedlich, und wer den jeweiligen Bären nicht persönlich kennt, sollte auch keine Verhaltensprognose wagen.

Das vorliegende Buch ist ohne Zweifel geeignet, im Umgang mit Bären etwas „trittsicherer“ zu werden, wenngleich ständig zur Vorsicht im Umgang mit Bären geraten wird. Ebenso sind die Erfahrungsberichte dazu geeignet, trotz aller gebotenen Vorsicht das Entstehen unkontrollierbarer Angst zu vermeiden. Und Angst ist wohl in allen Lebenssituationen ein denkbar schlechter Begleiter.

Möge dieses Buch eine neue Lektion über den „Umgang mit Bären“ sein! Möge es ferner zu weiterführenden wissenschaftlichen Arbeiten anregen!

Viele interessante, aber noch nicht ausreichend überprüfte Fragen sind vom Autor gestellt worden. Disziplinen der Endokrinologie, Ethologie und Physiologie bzw. Ernährungsphysiologie sind gleichermaßen gefordert.

Der letzte Wunsch des Vorwortautors gilt selbstverständlich den Bären. Mögen die Menschen in Österreich „ihren“ wenigen Bären mit Vorsicht, aber freundschaftlich begegnen.

Es stünde uns gut an, würden wir endlich begreifen, daß die Welt nicht bedingungsloser „Privatbesitz“ des Menschen sein kann. Vielleicht sind unsere Kinder einmal soweit, daß sie wieder stolz darauf sein dürfen, ihren Lebensraum mit einigen Bären zu teilen.

Rainer Revers

Salzburger Tiergarten Hellbrunn
A-5081 Anif

WIE ALLES BEGANN…

1964 freundete ich mich mit dem Sohn eines in Wien lebenden kanadischen Botschaftsangestellten an. Der Junge perfektionierte gerade sein Deutsch, denn er wollte Psychologie, Theater- und Zeitungswissenschaften studieren.

Eines Tages stellte er mich im alten Wiener Universitätsgebäude Herrn Prof. Hubert Rohracher vor, der damals Experimentalpsychologie lehrte. Der etwas schrullige Herr Professor war mit dem verstorbenen Großvater meines neuen Freundes gut bekannt gewesen, und in einem universitätsnahen Café, in das er uns einlud, kamen wir auf einen Mann zu sprechen, den beide persönlich kannten.

Es war Prof. Dr. Konrad Lorenz.

Einige Monate später stand ich dem interessantesten Menschen, dem ich je begegnet bin, in Seewiesen bei Starnberg gegenüber. Konrad Lorenz war zu jener Zeit Direktor am Max Planck-Institut für Verhaltensphysiologie. Seine beiden Bücher „Er redete mit dem Vieh, den Vögeln und den Fischen“ sowie „Das sogenannte Böse“, die bis dahin erschienen waren, hatte ich längst mehrmals verschlungen.

Er widmete uns über zwei Stunden, in denen er geduldig Fragen beantwortete, die hauptsächlich seine Bücher betrafen.

Seine Persönlichkeit, diese herzliche Ausstrahlung, die bildhafte und lebendige Sprache, in der er mitreißend vortrug, beeindruckten mich dermaßen, daß ich noch heute praktisch jedes Wort dieser Unterhaltung im Kopf habe. Von diesem Tag an wußte ich, daß ich alles unternehmen würde, um in der Verhaltensforschung tätig zu sein. Und so war es dann auch.

1977, dreizehn Jahre später, traf ich Konrad Lorenz zum zweiten- und letztenmal in seinem Institut in Grünau im Almtal, Oberösterreich. Ich erzählte ihm von meinen Erfahrungen mit Braunbären in den USA und in der Türkei. Lorenz meinte, daß die Überlebenschancen dieser Tiere gering seien. Erstens, da es sich um das größte Landraubtier der Welt handle und die Jagdlust auf diese Tiere zu groß sei; und zweitens, weil sich die Menschen zusehr vor ihnen fürchteten.

Mein kanadischer Freund schlug mir am 21. Oktober 1964 vor, im nächsten Jahr mit ihm nach Whitehorse in den kanadischen Yukon zu fahren, da er sich dort mit Freunden treffen wolle. Im Mai 1965 war es dann soweit.

In Whitehorse, der Hauptstadt des Yukon Territory, lernte ich Max Finney kennen, einen etwa 60 Jahre alten Trapper. Er erzählte, daß oben in Faro, in einem Gebiet von 35.000 Quadratkilometern, eine staatliche Bärenzählung vorgenommen werden solle und daß sie dafür Leute suchten. Vielleicht verstand ich das falsch, denn, wie sich später herausstellte, hatte ein deutscher Großkonzern-Manager eine Gruppe von fünf Männern, darunter ein Pilot mit Flugzeug und ein Wildbiologe aus Calgary, für die Arbeit an einer „Wildtierverbreitungsstudie“ zusammengestellt. Tatsächlich suchten sie noch einen Mann, der zugreifen wollte und mit Pferden einigermaßen umzugehen verstand. Damals kümmerte es mich wenig, weshalb sie mir den Vorzug gaben. Daß ich Ausländer und unabhängig war, schien ihnen recht zu sein. Die anderen Vereinbarungen paßten wiederum mir, und ich stellte nur die notwendigsten Fragen. Hauptsache für mich war, daß es sich um einen Job handelte, der mit Tieren zu tun hatte.

So verbrachte ich 16 Monate im Yukon nahe von Faro, am Fuß des Mt. Sheldon, und durfte vorerst als „Junge für alles“ eine harte, aber unvergeßlich schöne Arbeit leisten.

Nach und nach stellte sich heraus, daß das Hauptaugenmerk den Grizzlys und den weißen Bergschafen galt, über deren Population eine Studie angefertigt werden sollte.

Tom Saskat war Indianer vom Stamme der Tsimshian, und er führte die Gruppe an. Für mich war er der erste „wirkliche“ Indianer, den ich kennen und schätzen lernte, denn er lehrte mich alles, was ich über diese Tiere wissen wollte – und noch vieles mehr. Der erfahrene Wildbiologe aus Calgary leitete das Unternehmen und prognostizierte auf eindrucksvolle Weise das drohende Schicksal der Grizzlys oder Grey Bears: deren völlige Ausrottung.

Diese Braunbären, die uns immer wieder begegneten, hatten es mir von Beginn an angetan. Vollkommen unbelastet von Zoologie und biologischen Vorgängen, widmete ich mich dem Verhalten dieser Tiere mit großem Eifer.

Tom erkannte als erster meine Neigung, und es dauerte nicht lange, da war ich die Handlangerdienste los und übertrug meine Beobachtungen auf vorgedruckte Endlosformulare. Unzählige Fakten, die mir die unterschiedlichsten Verhaltensweisen der Braunbären näherbrachten, wie etwa ihre divergierenden Reaktionen bei Nahbegegnungen mit Artgenossen und Menschen. Oder die Fürsorge, mit der sie ihre Jungen aufzogen. Ihre verschiedenen Techniken beim Schlagen von Beutetieren. Ihre Intelligenz, mit der sie stets von neuem verblüffen konnten. All diese Dinge faszinierten mich derart, daß ich mein ganzes Leben ausschließlich diesen Tieren widmen und jede Entbehrung auf mich nehmen wollte.

Nun, ganz so war dem nicht, aber mit Unterbrechungen kam ich immer wieder auf die Braunbären zurück. Ich beobachtete sie in Alaska, auf Kodiak

Island, in der Türkei, dem Iran, in Finnland und Rumänien, in Norwegen, Schweden und Spanien. Ebenso studierte ich ihr Verhalten in British Columbia.

Der Anlaß, weshalb ich mich seit nunmehr acht Jahren mit Bären in Österreich beschäftige, war folgende Geschichte, die sich am Freitag, dem 28. August 1987, am Weißensee in Kärnten zugetragen hat:

Dieser See liegt 930 Meter über dem Meeresspiegel, und die Laubbäume nahmen bereits herbstliche Farben an. Nur ein Drittel um dieses 12 Kilometer lange, im Durchschnitt 500 Meter breite, fjordähnliche Gewässer ist besiedelt und wird hauptsächlich touristisch genutzt. Den Rest umgeben unter Landschaftsschutz stehende Berge bis in Höhen um 1900 Meter. Zahlreiche Almen mit satten Wiesengründen und bewirtschafteten Hütten werden vom Mai bis Oktober von tausenden Wanderern besucht. Es gibt aber auch Gebiete, in die nur Jäger und vereinzelt Einheimische vordringen.

An jenem Freitag nutzten mein Weißenseeer Freund Pepi Schininger jun. und ich das Wochenende, um im östlichen Teil des Sees Zander zu fangen. Wir verbrachten die Nacht zum Samstag, in Schlafsäcken biwakierend, unter schützenden Fichten. Gegen 3 Uhr morgens weckten mich schwere Schritte, unter denen Holz zerbrach. Zuerst tippte ich auf einen schwergewichtigen, betrunkenen Almhüttenbesucher, der sich auf dem Heimweg verirrt hatte. Es konnte sich aber auch um Hochwild handeln, das in dieser Region stark vertreten ist.

Ich prüfte den Wind. Er kam aus derselben Richtung wie die Geräusche.

Auf einmal schien es mir, als streifte mich ein mir wohlbekannter Geruch. Immer wieder sog ich die Luft ein – sollte es der Geruch eines Braunbären *(Ursus arctos)* sein?

Ich schälte mich aus dem Schlafsack, weckte meinen Begleiter und versuchte, ihm meine Vermutung zu erklären. Mein Herz schlug schneller als sonst. Der Sportsfreund hielt mich für verrückt, drehte sich auf die andere Seite und schlief weiter. In Socken eilte ich zum nahe gelegenen See hinunter und stieg in mein dort abgestelltes Boot, dessen Heck im Wasser lag. Auf dem Sitzbrett stehend, hatte ich einen guten Überblick. Die sternklare Nacht kam mir entgegen, und ich konnte den Uferbereich gut einsehen. Ein kleiner Schilfgürtel säumte dort das Flachwasser. Unter papierenem Geräusch teilten sich die Rohrkolben, und der dunkle Körper eines Bären stand plötzlich in halber Prankenhöhe, etwa 30 Meter entfernt, im freien Wasser. In dieser Stellung verharrte das Tier einige Sekunden, dann stapfte es planschend in die mir entgegengesetzte Richtung davon.

Es war ein aufregendes Erlebnis, und ich lauschte noch lange dem Bären hinterher. An Schlaf war nicht mehr zu denken. Noch am selben Morgen beschloß ich, mich in meiner Heimat für diese Tiere einzusetzen und ihre Überlebenschancen zu sichern.

Deshalb habe ich diesen Bericht geschrieben: Wenn nämlich offen über das Miteinander von Mensch und „repatriiertem" Braunbär berichtet wird, besteht für letzteren eine kleine Chance des Überlebens, zumal aufgeklärte Leute eher bereit sind, sich mit Argumenten „für" und „wider" auseinanderzusetzen.

Dabei will ich mich nicht in wissenschaftliche Details verzetteln, sondern über das Verhalten von Braunbären so berichten, wie ich es beobachtet habe bzw. was andere Menschen in den vergangenen Jahren mit diesen Wildtieren erlebten.

Mein persönliches Anliegen und meine Aufgabe sehe ich darin: Mittler zwischen Mensch und Bär zu sein, abzuklären, ob es ein Miteinander überhaupt noch geben kann und – wenn ja – die Vor- und Nachteile für jedermann verständlich aufzuzeigen. Denn obwohl der Lebensraum für Braunbären in unserem Land klein geworden ist, könnte ich mir vorstellen, daß immerhin für 50 bis 80 dieser Tiere ausreichend Platz wäre, zumal sie genügend Futter vorfänden.

Bärenforschung ist eine kostspielige und mitunter gefährliche Tätigkeit, wenn sie gewissenhaft und nicht nur mittels radiotelemetrischer Möglichkeiten betrieben wird. (Unter Radiotelemetrie versteht man die automatische Übertragung von Meßwerten oder -daten über größere Entfernungen. Sie wird mit einem Halsbandsender und einem Empfänger auf einer bestimmten Frequenz vorgenommen.) Einige wenige Tiere zu „besendern", um ihre Aktivitäten, ihre Wandergewohnheiten, Dauer der Winterruhe und bestimmte Gepflogenheiten zu erfahren, halte ich für erforderlich und wichtig, doch mit viel Fleiß, Ausdauer und der nötigen Erfahrung kann ich die Vorteile der Radiotelemetrie wieder ausgleichen und sogar ein Quentchen mehr erreichen. Eine ausschließlich mit Sendern ausgestattete Population hat mit „Natur" nicht mehr viel zu tun. Radiotelemetrie ist für die wissenschaftliche Erfassung von Daten gut und Mittel zum Zweck; sie sollte aber nicht übertrieben werden. Eines allerdings kann man ihr nicht absprechen: sie würde ein Massaker an Bären verhindern, da ein verhaltensgestörter oder „Schlagbär" gezielt bejagt werden könnte.

Zahlreiche Forscher haben in aller Stille viele Jahre lang hart gearbeitet: ohne Radiotelemetrie, ohne komplizierte Haar-, Urin-, Kot- und Blutuntersuchungen, und sie haben dennoch enorm zum Schutz von aussterbenden Arten beigetragen. Erinnern wir uns nur an Jane Goodall (Schimpansen), Dian Fosey (Gorillas), Desmond Morris (Verhaltensforschung) und viele andere.

Jeder Schritt auf den Spuren unserer Braunbären gleicht einer aufgeschlagenen Buchseite, die ich nur mehr zu lesen brauche. Schöpfe ich hingegen die technischen Möglichkeiten einer Besenderung aus, kann ich mich zwar bequem eines fahrbaren Untersatzes bedienen, doch ich werde dabei Gefahr laufen, den Wald vor lauter Bäumen nicht mehr zu sehen, und die von ihm erzählten Geschichten sind für mich nicht mehr lesbar.

Nehmt nicht allen Bären ihre Aura! Auch nicht mit einer Soll-Bruchstelle im Halsband, die bei Belastung bricht und die mich an einen Hund mit der vorgeschriebenen Steuermarke erinnert.

In unserem Land gibt es Organisationen, Einzelpersonen, aber auch Interessengruppen, welche es sich zum Ziel gesetzt haben, Tiere vor der Ausrottung zu schützen. Einer letzteren gehöre ich an.

UNSERE ARBEITSMETHODEN

1988 gab es in Österreich drei ansässige, zugewanderte Bären.

Ein männliches, aus Slowenien stammendes Tier hatte das Ötschergebiet (Niederösterreich) zu seiner neuen Heimat auserwählt. Zwei weitere Exemplare hielten sich permanent im Kärntnerland auf, und immer wieder hörte man von Wanderbären, die unser Land besuchten und dann wieder abzogen.

Es galt also, zuverlässige Informationen zu erhalten, und so sprach ich mit weit über hundert Personen in Gebieten, die von Bären bevorzugt aufgesucht werden.

Die Kärntner Jägerschaft hielt sich mit Auskünften sehr zurück, obwohl sie schon damals über derartige Aufzeichnungen verfügte. Aber es gab einzelne Jäger und Forstbeamte, die ich von der Bedeutung einer genauen Untersuchung der sich in Zukunft möglicherweise vergrößernden Braunbärenpopulation überzeugen konnte. Sie führten mich in ihre Reviere und zeigten mir ihre jüngsten Beobachtungen, wenn sie glaubten, Spuren von Bären erkannt zu haben. Dem ist auch heute noch so.

Gemeinsam mit Freunden teilte ich Wander-, Bundesheer- oder Forstkarten eines bestimmten Bereiches in Planquadrate ein und zeichnete diese in mühsamer Handarbeit in vergrößertem Maßstab heraus. So fertigen wir über 700 Karten an. In Abständen von 30 bis 50 Tagen beging ich, nachdem ich mich zuvor stets mit den Grundbesitzern oder Revierpächtern abgesprochen hatte, die einzelnen Quadrate, nahm alle die Bären betreffenden Beobachtungen zu Protokoll und trug sie in die Karten ein. Diese Begehungen erforderten zwar viel Schweiß, aber sie lohnten sich.

Systematisch und penibel suchte ich zuerst allein, später mit scharfäugigen Bärenfreunden aus Finnland, den USA und Kanada, die Urlaub und Geld investierten, nach Spuren, Trittabdrücken, Scheuerbäumen und anderen verwertbaren Materialien, wie Haaren, Losung, Speichel, Harn, usw. Jedem noch so kleinen Hinweis auf Bären ging ich nach, setzte mich mit jedem Schadensfall, von dem ich erfuhr, persönlich auseinander, notierte die Vorgangsweise, fotografierte den Tatort, suchte nach Trittsiegeln, Haaren, Losung und – wenn noch Schnee lag – nach Urin.

Urinanalysen ermöglichen infolge der Hormonausschüttung Hinweise auf das Geschlecht, vorausgesetzt, daß Vergleichswerte zur Verfügung stehen. Die Bestimmung der Geschlechter innerhalb einer Bärenpopulation ist wichtig, aber ungeheuer kompliziert, denn Bärenurin muß erst einmal gefunden werden und – so man ihn schließlich hat: ohne Vergleichsmöglichkeiten nützt er gar nichts. Dazu ist der Harn eines männlichen und eines weiblichen Tieres erforderlich. Ich holte mir aus Zoos, in denen Bären isoliert gehalten werden können, die erforderlichen Proben. Seit Herbst 1993 kommt mir auch die Prinz Reußsche Forstverwaltung, die den Tierpark in Mautern (Steiermark) führt, in allem, was Bären betrifft, sehr entgegen. – Übrigens ist es mittlerweile auch möglich, das Geschlecht durch den wesentlich einfacher aufzufindenden Bärenkot zu bestimmen.

Um unserer Arbeit nicht zu schaden, vermied ich es, über die Medien an die Öffentlichkeit zu gehen. Erstens konnten wir so in Ruhe arbeiten und Ergebnisse sammeln. Zweitens mußte das Thema „Braunbär" damals sehr behutsam nach außen getragen werden, damit es nicht für Unruhe sorgte. Es war nämlich mein Anliegen, die Bevölkerung direkt anzusprechen, zu informieren und aufzuklären. Auf diese Weise fand ich in Kärnten bald jene Leute heraus, die sich für die Bären aussprachen. Zu meiner Überraschung waren die Gegner eindeutig in der Minderheit, und einige von ihnen schienen sich noch umstimmen zu lassen.

In weiterer Folge baute ich junge Leute – vor allem Zoologie- und Biologiestudenten, die an meiner Idee Gefallen fanden, den nach Österreich zurückgekehrten Braunbären das Hierbleiben zu erleichtern – in unser damals nicht eben sehr vielversprechendes Arbeitsprogramm ein. Die zuständigen Stellen in Kärnten hüllten sich, wie erwähnt, in Schweigen. In Steiermark stießen wir sogar auf Ablehnung oder nur wenig Bereitschaft, Bären zu akzeptieren. Die Angst vor sowie mangelnde Kenntnisse über Braunbären, verbunden mit der Befürchtung, der Tourismus würde zurückgehen, ließen sich allerorts feststellen. Dazu kam, daß die Presse alle durch Bären verursachte Schäden als Horrormeldungen präsentierte.

Dagegen mußte etwas unternommen werden, denn wenn die Menschen diese ihre Einstellung gegenüber Bären nicht änderten, würde niemals eine Chance bestehen, den Tieren den erforderlichen Lebensraum zu gewähren.

Wir gingen allen Informationen über Bewegungen von Bären nach. Viele davon stellten sich als ehrlich gemeint, aber unrichtig heraus, doch auch auf diese Art lernten wir.

Schuldirektoren luden mich ein, ihren Lehrern über Bären zu erzählen. Später hielt ich Vorträge in zusammengezogenen Klassen, von der vierten bis

Ein etwa 100–120 Kilogramm schwerer, noch nicht geschlechtsreifer Braunbär beim Klettern.

zur achten Schulstufe. Beiträge im Hörfunk und Fernsehen, an denen ich mitwirken konnte, waren mir stets willkommen. Jagdvereine, Gemeinden, Alpenvereine, Rotarier, Schlaraffen, Bienenzüchter, Bundes- und Landesforstbetriebe baten mich um Vorträge. Ich diskutierte, erlitt Niederlagen, aber die Erfolgserlebnisse wurden zunehmend größer. Der Lohn dafür lag nicht in vereinbarten Gagen. Jenen Menschen, die mir zuhörten, mit mir offen diskutierten, sich Gedanken machten und nun anders über Bären sprechen, die Bereitschaft bekundeten, für deren Lebensberechtigung einzutreten – ihnen will ich danken, denn sie haben mich durch die Änderung in ihrer Einstellung reichlich beschenkt.

Unsere kleine Gruppe beschäftigt sich mit Braunbären, die auf natürliche Weise zugewandert sind. Alle nur erdenklichen Daten – wie Durchzüge, gerissene Tiere, aufgefundene Tageslager, Überwinterungsquartiere, Besuche von Fütterungsstellen, Revierbeständigkeiten, Gewohnheiten, individuelle Nahrungsaufnahme, Tag- und Nachtaktivitäten, Auffinden und Anzahl von Scheuerbäumen, Nachwuchs und seine Entwicklung, Abwanderungen sowie Neuzugänge – werden von uns aufwendig gesammelt, gewissenhaft in Tagesberichten notiert und in unsere Planquadrate übertragen. Außer den Zeichenberichten wird jede Einzelheit auf Festplatte und Diskette gespeichert.

Wir rüsten uns mit Spezialglasplatten im Format 35 x 25 cm aus, legen sie über frische Trittsiegel, zeichnen die Form des Abdruckes genau nach, legen sie über andere Fußspuren und stellen auf diese Weise Vergleiche an. Meine Überzeugung, daß sich bei den jeweiligen Tieren divergierende Einzelheiten im Fußabdruck feststellen lassen und somit eine Zuordnung möglich wird, bestätigt sich immer mehr. Ganz unproblematisch ist diese Methode freilich nicht, denn sehr viel hängt von der Konsistenz des Bodens ab, auf den der Abdruck gesetzt wurde. Das Fußabdruckbild ein und desselben Tieres wird auf hart sandigem Untergrund etwas anders aussehen als in weichem, feuchtem Erdreich. Ebenso sind nachgezeichnete Trittsiegel bei verschiedenen Schneezusammensetzungen nicht frei von Widersprüchen.

Auch der Vorgangsweise beim Schlagen oder Reißen und Anschneiden (Fressen) der Beutetiere widme ich große Aufmerksamkeit, damit das Rißbild von beutemachenden Bären eindeutig beurteilt werden kann.

Innerhalb von sieben Jahren konnten wir recht anschaulich jene Gebiete herausarbeiten, die von Bären immer wieder aufgesucht werden und in denen sie

Bevorzugte Aufenthaltsgebiete der heimischen Braunbären: Gailtaler Alpen, Kärnten (oben); Wälder im Ötscherland, Niederösterreich (unten).

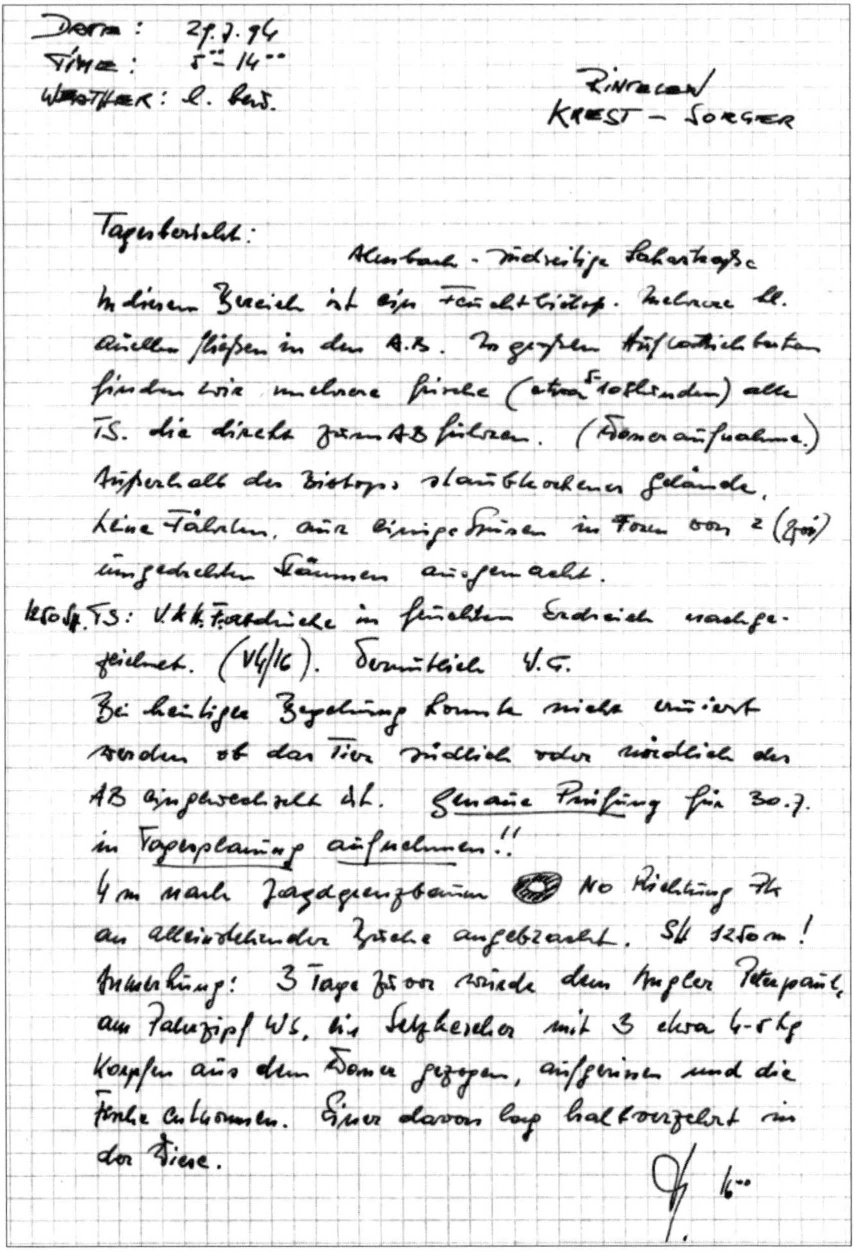

Datum: 29.7.96
Time: 5^{00} – 14^{00}
Weather: [illegible]

[illegible]
Krest – Sorger

Tagesbericht:
Ackerbach – mehrreihige Schotterstraße
In diesem Bereich ist ein Feuchtbiotop. Mehrere kl. Quellen fließen in den A.B. Im gesamten Aufenthaltsbereich finden wir mehrere frische (etwa 5–10 Stunden) alte TS. die direkt zum AB führen. ([illegible]aufnahme.)
Außerhalb des Biotops staubtrockenes Gelände, keine Fährten, nur einige Spuren in Form von 2 (frei) umgedrehten Steinen aufgemacht.
Kroso[illegible]. TS: V.k.k. Trittdrücke im feuchten Erdreich nachgezeichnet. (V4/16). Vermutlich W.G.
Bei heutiger Begehung konnte nicht eruiert werden ob das Tier südlich oder nördlich des AB eingewechselt ist. Genaue Prüfung für 30.7. in Tagesplanung aufnehmen!!
4 m nach Jagdgrenzbaum [illegible] NO Richtung Fk an alleinstehender Esche angebracht. Sh 1250 m!
Anmerkung: 3 Tage zuvor wurde dem Angler [illegible] am [illegible] WS. bei Setzkescher mit 3 etwa 4–5 kg Karpfen aus dem Wasser gezogen, aufgerissen und die Fische entkommen. Einer davon lag halbverzehrt in der Wiese.
[illegible] 16^{00}

Auszug aus einem Tagesprotokoll.

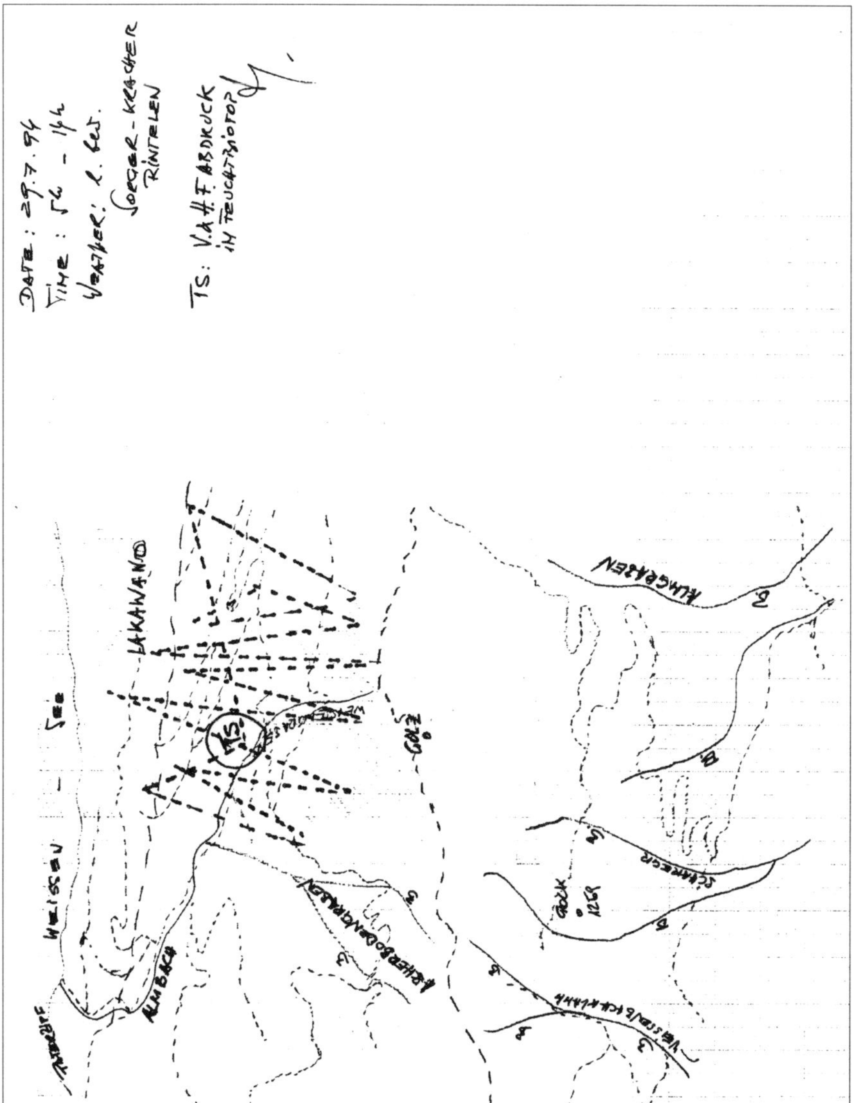

Zeichenbericht (Begehungsplan) zum Tagesprotokoll.

Reviere von Dauer bilden. Manche Gegenden, die Fachleuten als idealer Lebensraum für Bären erscheinen, werden nur allzuoft als Wechselterrain benutzt. Mit hundertprozentiger Sicherheit und trotz aller Fachkenntnisse und Studien wird sich – von menschlicher Warte aus – allerdings niemals sagen lassen, welches Habitat (Wohngebiet oder Standort) für Bären das am besten geeignete ist bzw. welche Gegenden ihnen als Lebensraum „zugeteilt" werden sollten.

AUS DER ENTWICKLUNGSGESCHICHTE DES BRAUNBÄREN

Die definitive Stunde der Geburt unserer Braunbären muß irgendwann in der letzten Eiszeit gewesen sein. Vor ca. 25 Millionen Jahren wurde dafür der Grundstein gelegt. Von den Miaciden, das sind fleischfressende Säugetiere, stammen Hund, Katze, Marder und der Bär ab. Heute besteht ein nahes Verwandtschaftsverhältnis zwischen Dachs, Wiesel, Otter, Marder und dem Bären. Da die Miaciden Baumbewohner waren, dürften diese Lebensweise sechs von acht heute noch existierende Bärenarten beibehalten haben: der in China lebende Panda *(Ailuropoda melanoleuca),* der Malaienbär *(Helarctos malayanus),* der aus Indien stammende Lippenbär *(Melursus ursinus),* der Brillen- oder Andenbär *(Tremarctos ornatus),* der tibetanische Kragenbär *(Selenarctos tibetanus)* und der amerikanische Baribal *(Ursus americanus),* besser bekannt unter dem Namen Schwarzbär. Sie alle sind vorzügliche Kletterer, bei denen die Länge der Krallen und deren Krümmung eine erhebliche Rolle spielen. Die Fußsohlen dieser Tiere sind fast nackt, dagegen haben die mehr am Boden lebenden Arten wie der Braunbär *(Ursus arctos)* und der Eisbär *(Thalarctos ursus maritimus)* behaartere Sohlen sowie flacher ausgebildete und längere Krallen, die wiederum hervorragend zum Graben geeignet sind. Das heißt aber nicht, daß diese Tiere nicht klettern könnten. Es vergeht ihnen lediglich, wenn sie den Kinder- und Flegeljahren entwachsen sind, die Lust dazu. (Im Zoo gehaltene Braunbären hingegen klettern sehr gerne, zumal ihnen jede Abwechslung, die den monotonen Tagesablauf verkürzt, willkommen ist.)

Bei meinen Freilandbeobachtungen konnte ich nur ein einziges Mal einen ausgewachsenen Braunbären auf einer alten, angemorschten, löchrigen Fichte, in die sich ein Bienenschwarm verirrt hatte, beobachten – ein guter Grund für ihn, sich in eine Höhe von ca. 6 Metern zu quälen, um an den leckeren Honig und an die Larven zu gelangen.

Die große Palette der Säugetiere unterscheidet Pflanzen- und Fleischfresser. Bären sind Carnivoren, also fleischfressende Raubtiere, die jedoch schon vor Millionen von Jahren auch vegetarische Kost zu sich nahmen. Dennoch läßt sich ihre Abstammung als Fleischfresser nicht leugnen, da ihr Beutetrieb auf alles Freßbare – vom Käfer über den Hasen bis hin zum Hirschen – ausgerichtet ist. Ein Grund, weshalb sie auch Pflanzen zu sich nehmen, mag in der Anpassung an ihre Wohngebiete gelegen sein. Ihre Fangzähne sind eher schwach ausgebildet, hingegen eignen sich die Backenzähne gut zum Mahlen und ähneln sehr stark jenen von Schweinen, die bekanntlich ebenfalls Allesfresser sind. Die Kaumuskulatur ist bei Bären besonders stark entwickelt, damit sie Rinden, Wurzeln und Knollen gut zermahlen und eventuell auch Nüsse knacken können. Ebenso ist ihre Schultermuskulatur sehr gut ausgebildet; sie unterstützt den Bären beim Graben, beim Umdrehen von Steinen und Baumstämmen auf der Suche nach Futter. Der Anteil an vegetarischer Nahrung beträgt 80 Prozent, obwohl ihr Magen-Darm-Trakt dafür gar nicht spezialisiert ist. Er kommt mit der Zellulose nicht zurecht und scheidet deshalb pflanzlich aufgenommenes Futter halbverdaut wieder aus. Da es für Bären aber nie einfach gewesen ist, regelmäßig Fleisch zu erbeuten, war es für sie notwendig, auch pflanzliche Kost anzunehmen.

Früher hatten Braunbären in unseren Breiten, bedingt durch den Rückgang des Gletschereises, die Möglichkeit, sich in baumlosen wie in bewaldeten Gebieten ihre Nahrung zu suchen. Ihre heutige Dämmerungs- und Nachtaktivität ist nicht angeboren; sie war damals noch nicht vorhanden. Die Tiere bewegten sich tagsüber im freien Gelände, gruben Wühlmäuse aus und weideten Gräser und Blumen ab. Ihr Darm verlängerte sich. Ursprünglich waren Bären kleiner und behender; erst allmählich entwickelten sie sich zu größeren und schweren Allesfressern.

Hirsch und Reh haben einen Pansen mit mehreren Verdauungskammern und dementsprechenden Bakterien, die bei der Zersetzung von Zellulose mitwirken. Die Nahrung wird zunächst nur teilweise verdaut, dann wiedergekäut, und so sind sie in der Lage, mit qualitativ schlechterem Futter zu Rande zu kommen. Bären hingegen verwerten nährstoffarme Pflanzen schlecht; sie fressen deshalb vollreifes Futter in Form von Früchten und Knollen. Ist reichlich Kost von hoher Qualität vorhanden, können sie große Mengen vertilgen. Ihr einfacher Verdauungstrakt arbeitet schnell und entzieht der Nahrung Vitamine sowie Nährstoffe. Der Rest wird ausgeschieden und somit Platz für Nachschub geschaffen.

Wiederkäuer sind auf stundenlange Freßpausen angewiesen. Bären hingegen können sich zu Zeiten, in denen sich Futter in Hülle und Fülle anbietet, das Beste daraus aussuchen.

Von der Ernährung ist aber auch die Fortpflanzungsfähigkeit der Bären abhängig. An dieser Stelle möchte ich meinen ehemaligen Lehrer, den Tsimshian-Indianer Tom Saskat, zitieren:

„War ein langer, kalter Winter und folgte dem ein schlechter Sommer, in dem es nur wenig Beerenfrüchte gab, schlug sich das immer wieder im Nachwuchs nieder. Befruchtete Eier sterben im Herbst ab, und in Gegenden, wo das

Nahrungsangebot überhaupt rar ist, werfen sie höchstens ein Junges. Bären können, wenn sie feist genug sind, bei einem Wurf vier Junge bekommen. Ihr ganzer Erfolg hängt im wesentlichen von ihrer Ernährung ab. Auch bei männlichen Tieren ist ein gutes Futterangebot von Bedeutung. Erstens setzen sich gesunde und gut genährte Bären gegenüber ihren Rivalen besser durch und geben, zweitens, genetisch gesehen besseres Erbmaterial weiter." Es steht außer Zweifel, daß es sich beim heimisch gewordenen Braunbären genauso verhält.

Bärinnen werden in freier Natur zwischen dem 3. und 4. Lebensjahr geschlechtsreif; sie bekommen wegen der mindestens zwei Jahre dauernden Führungszeit im günstigen Fall nur alle drei Jahre Nachwuchs. So gesehen, bringen weibliche Tiere in ihrem ganzen Leben nicht mehr als zehn bis zwölf Junge zur Welt, und in der Regel kommen nur 50 Prozent davon durch.

Im Verlauf der Evolution entschied sich auch eine wesentliche Verhaltensregel, nämlich die Promiskuität beider Geschlechter. Der Grund dafür liegt darin, daß das Bärenmännchen ein einzelnes Weibchen gegen mehrere Bewerber verteidigen müßte und dabei mit gleich starken Männchen in Konflikt geraten könnte. Solche Kämpfe enden aber – wegen der geringen Beweglichkeit der Bären – oft mit dem Tod oder einer schweren Verletzung eines oder beider Gegner; eine Situation, die unbedingt vermieden werden muß.

Trotz ihrer Lebensweise als Einzelgänger bauen sich männliche Alttiere eine gewisse Rangordnung auf und erheben Anspruch auf Bärinnen, allerdings nur dann, wenn in nahrungsreichen Gebieten mehrere erwachsene Männchen leben.

Weibchen sind mit Unterbrechungen von zwei bis vier Jahren paarungsbereit, dann aber nicht an einen einzigen Partner gebunden. Vielmehr streben sie an, von verschiedenen Männchen gedeckt zu werden, wodurch eine Befruchtung eher gewährleistet wird.

Die in der karnischen Region lebende „Weiße-Gitsch" – ich habe ihr diesen Namen deshalb gegeben, da sie vom Südufer des Weißensees bis ins Gitschtal wechselt – warf im Winter 1988/89 zwei Junge. Drei Jahre später, im Februar 1992, stellte sich wieder Nachwuchs ein. Möglicherweise bekam sie zwei Junge. Ein relativ schneearmer Winter, in dem auch in höher gelegenen Regionen der Schnee rasch abtaute, machte es sehr schwierig, sie zu fährten, weshalb diese Vermutung in Frage gestellt werden muß. Ihr Winterquartier war mir wohlbekannt und ließ sich auch einigermaßen gut beobachten, doch die Entfernung betrug über 900 Meter. Es war in einer Seehöhe von 1550 Metern angelegt, und um mein Augenmerk darauf richten zu können, mußte ich diese Höhe jedesmal am gegenüberliegenden Berg überwinden. Ich sah das Tier von Ende April bis Ende Mai stets zu seinem Bau zurückkehren – ein typisches Verhalten für eine Bärin, die ihre Jungen säugt. Leider wußte ich nicht, wieviel sie hatte. Viele Tage und Nächte verbrachte ich bei Regen und Kälte im Freien, dennoch verpaßte ich das sogenannte „Ausführen“ ihres Nachwuchses. Erst im März 1993 konnten verschiedene Personen ein großes und ein kleines Trittsiegel unmittelbar nebeneinander sichten. Im darauffolgenden Mai habe ich die „Weiße-Gitsch“ mit einem Jungtier nahe des Radniger Sattels, frühmorgens um 5 Uhr 30, ausgemacht.

Vielleicht hätten mir das Begehen ihres Winterlagers und dessen genaue Untersuchung Aufschluß über die Anzahl ihrer Jungen gegeben. Aus gutem Grund aber habe ich auf die wissenschaftliche Auswertung verzichtet: Jene Baue nämlich, die ich innen fotografierte und peinlich genau nach Verwertbarem, wie Haare, Nistmaterial und auf ihre Anlage hin, untersuchte, wurden von den Bären nicht mehr angenommen. Ich wollte mir aber diese Lager zu Beobachtungszwecken erhalten.

Nicht alle Bären streben zielbewußt ihre Baue vom Vorjahr an. Zwar suchen sie in den meisten Fällen dieselbe Gegend auf, gar nicht selten graben sie sich aber eine neue Behausung.

Wenn wir das Haarkleid unserer heimisch gewordenen Braunbären betrachten, so ergibt sich bei genauerem Hinsehen eine Vielzahl farblicher Unterschiede: vom Semmelblond über Zimtfarben bis hin zu schwarzen Schattierungen im Branten(= Pranken)bereich und dem stets etwas helleren Rücken können wir alle Nuancen beobachten. Im Verlauf seines Lebens kann sich die Farbe des Fells eines Bären von Jahr zu Jahr ändern, und das Wiedererkennen des betreffenden Tieres anhand der Pelzfärbung ist somit unmöglich.

Das einzelne Haar ähnelt – von seiner Stärke her – dem des Menschen. Die Dünnschichtchromatografie (ein Analyseverfahren, das im wahrsten Sinne des Wortes mit „Haarspalterei“ verglichen werden kann) erlaubt uns die Zuordnung zu ein und demselben Tier, vorausgesetzt, daß wir ein Haar mitsamt seiner Wurzel finden.

„BÄR AUS!“

Im 17. Jahrhundert dürfte es auf unserem Kontinent über 300.000 Braunbären gegeben haben, wenn man Osteuropa dazuzählt und den europäischen Teil Rußlands wegläßt. Verblieben sind bis heute nicht einmal 5 Prozent. Erstaunlicherweise leben die meisten Tiere davon in den ehemals kommunistischen Ländern; möglicherweise deshalb, weil große Landstriche in diesen Staaten naturbelassener und nicht so zersiedelt sind.

Weltweit gibt es noch etwa 170.000 Braunbären.

Im deutschen und schweizerischen Alpenraum war das Bärwild schon ziemlich dezimiert, als im 18. Jahrhundert auch die österreichischen Jagdbehörden beschlossen, dem Braunbären den Garaus zu machen. Ein Hofdekret vom Juni 1788 ordnete die Ausrottung von Wolf und Bär an.

Inwieweit diese Maßnahme gerechtfertigt war, läßt sich heute nicht mehr feststellen. Eines aber steht ganz eindeutig im Widerspruch dazu: dem Bär galt die größte Jagdleidenschaft der hohen Herren. Vielleicht spielte auch die fälschliche Vermutung mit eine Rolle, daß diese Tiere den Bestand des anderen jagdbaren Wildes dezimieren.

Anders verhielt es sich in diesem Zusammenhang bei Bauern und Imkern, denn einige gerissene Schafe oder geplünderte Bienenstöcke konnten deren Existenz zumindest gefährden. Doch wie man es auch dreht und wendet: Zweifellos waren die Bären früher da als die Menschen mit ihren Schafen und Bienenhäusern. Dennoch rückte man ihnen massiv zu Leibe, indem man in ihren Wohngebieten Treibjagden veranstaltete oder sie in Schlingen- und Kastenfallen fing. Oft genug kam es vor, daß Bären, die in eine Schlingenfalle getappt waren, in Panik gerieten und sich bei ihren Befreiungsversuchen arg verletzten, daß sie sich die Pranke abbissen, um – wenn auch nur mehr auf drei Beinen – wieder die Freiheit zu erlangen.

Hunde, die auf Bären abgerichtet worden waren, trieben Meister Petz oft nach tagelanger Hatz in die Enge. Die menschlichen Verfolger, mitunter über zwanzig an der Zahl, brauchten – nachdem sie die Hunde zurückgerufen hatten – das Tier nur mehr zu erlegen. So mancher übereifrige Hund mußte diese Art von Jagd mit dem Leben bezahlen, denn nicht jede Kugel traf ins vorgefaßte Ziel, und der Prankenhieb eines Bären schleuderte den Unvorsichtigen oft in felsiges Gelände, wo er verendete. Beliebt war auch die Fallgrube, in die Aas gelegt wurde. Wenn nun ein Bär in eine solche Grube geriet, wurde er erstochen, erschlagen oder erschossen. In seinem Buch „Jagdgeheimnisse“

Bärenjagd. Radierung von A. Tempesta, gest. 1630.

Kastenfalle mit Fangdeckel (aus: J. Täntzern, Jagdgeheimnisse, Leipzig 1734).

(1734) berichtet Johann Täntzern von verschiedenen Methoden des Bärenfanges, etwa dem Fangkasten mit Falldeckel, der in ein Loch versenkt wurde. Im Kapitel 25, „Von einem wilden Bärenfang“, beschreibt er unter Absatz 7: „Sonderliche Manier, wie ein Bär leichtlich zu bekommen, und daß er sich selbst um das Leben bringt“ sehr ausführlich die Errichtung einer Selbstschußanlage. In penibel angefertigten Federzeichnungen stellt Täntzern ganze Fanganlagen dar und schließt mit dem Satz: „Soll der Bär lebendig bleiben, so ist bei dem Bären-Garten (Zoo) gemeldet, denselben auszufangen; soll er aber todt seyn, so kann man ihm eine Kugel schencken.“

Die Jäger von heute hören und lesen das nicht gerne, denn sie fühlen sich den Buhmann zugeschoben, und schließlich sei die Ausrottung des Braunbären nicht alleine ihnen zuzuschreiben!

Zweifelsohne hätte sich in den damaligen Zeiten kein Bauer oder Bürger an einem jagdbaren Wild vergreifen dürfen, ohne dafür hart bestraft zu werden. Gewiß haben auch die immer dichter werdenden Ansiedlungen, Rodungen sowie das Anlegen von Monokulturen eine Rolle bei der Ausrottung des Bären gespielt. Auch das Jammergeschrei von Bauern, die in manchen Gebieten, in denen sich die Bären wohlfühlten, um ihre Existenz bangten, mag seinen Anteil daran haben. Weitere Gründe für die Ausrottung waren das spärliche Wissen vom Verhalten, von der Ernährung und der Lebensweise dieser Tiere,

Bärenhatz. Stich von J. H. Ridinger, 1746.

vor allem aber die prinzipielle Einstellung der Menschen, die dem Braunbären keine Daseinsberechtigung einräumte.

1835 hieß es im bayrischen Alpenraum „Bär aus!“ Ab 1904 gab es auch in der Schweiz kein Bärwild mehr, und 1937 konnte Frankreich aufatmen, denn die Nachkommen von Asterix und Obelix hatten sich der „wilden Bestien“ weitgehend entledigt. 1884 wurde der letzte Bär in Österreich in den Gailtaler Alpen erlegt. Der Bericht darüber lautete:

„Ebenberger Alois vlg. Hoisl am Ebenberg der Gemeinde Berg im Drautal gibt über meine Bitte folgenden Bericht über die Erlegung des letzten Bärens im Bärental (Ebenberg) durch Ebenberger Mathias vlg. Hoisl und Ebenberger Hans vlg. Saler ab:

‚Der Bär wurde am sogenannten Bließ von Ebenberger Mathias angeschweißt und zwar mittels eines Streifschusses an einem der Lichter. Das Tier nahm die beiden Jäger sofort an. Hoisl flüchtete auf einen Baum und Saler raufte mit dem Bären. Saler verfügte über außergewöhnliche Kräfte und hielt den Bären solange fest, bis ihm Hoisl zu Hilfe kam und seinerseits das Tier mit seinen Fußeisen verletzte. Ein Fangschuß war nicht möglich, weil Saler den Bären noch immer festhielt und durch die Abgabe eines Schusses derselbe verletzt worden wäre. Hoisl flüchtete neuerlich auf einen Baum. Saler stellte sich tot, worauf der Bär von ihm abließ und flüchtete. Ebenberger Hans war arg verletzt. Nach zwei Tagen wurde die Verfolgung des Bären wieder aufgenommen. An der Jagd beteiligten sich auch fürstliche Jäger. Der Bär wurde im Reißgraben aufgebracht und über 5–6 Kilometer ins sogenannte Bärnztal verfolgt. Dort gelang es einem fürstlichen Jäger, das Raubtier zu erlegen. Meister Petz wurde ins Landesmuseum nach Klagenfurt gebracht.'"

Einzelne Exemplare von Braunbären streiften jedoch nach wie vor durch Österreichs südliche Grenzwälder, und in den siebziger Jahren wanderte wieder einmal ein Bär von Slowenien nach Kärnten ein, wo er seinen Einstand wählte. 1972 und 1974 wurde Meister Petz von Wanderern am Kreuzberg und Forstarbeitern im Motschniggraben bei Weißbriach gesichtet. Jäger und Einheimische konnten seine Spuren regelmäßig verfolgen.

Zum Glück für diese Tiere änderte sich allmählich die negative Einstellung ihnen gegenüber, und das Recht auf ein freies Leben wird ihnen vom Großteil der Bevölkerung wieder zuerkannt. Vor allem aber die Jugend sowie organisierte Naturschutzvereinigungen sind bestrebt, dieses Recht durchzusetzen. Staat und Länder haben Gesetze zum Schutz der bedrohten Tierwelt erlassen.

Auch die Jagd ist heute angewandter Naturschutz, sie läßt sich nicht gleichsetzen mit Sportarten wie Schilaufen oder Wildwasserrafting. Sie hat ihre eigenen Gesetze – und diese sind Charaktersache –, denen jeder ordentliche Weidmann nachkommen sollte.

Doch manchem Schafzüchter und Tourismusverantwortlichen von heute sitzt die Urangst vor den „Bestien der Wildnis" nach wie vor im Nacken. Sie sehen in ihnen nur hinderliches Raubzeug, und die einzige Alternative lautet: Präzisionsgewehre, schwere Eisenfallen oder lebenslängliche Hintergittersetzung.

Oberförster Schepul (links) und Revierjäger Leitgeb mit einem 1964 in der Forstverwaltung Hollenburg (NÖ) erlegten, zugewanderten Braunbären.

VOR LANGER ZEIT

sangen braune Bären
um unsere Lagerfeuer.
Heute nacht
tanzen sie wieder
in unseren Träumen.

William Oandasan, Yuki-Indianer

Bär im Paßgang (oben) und im Galopp (unten).

ZUWANDERER

Der gesamte Raum Südkärntens – Karawanken, Gitschtal, Drautal – war schon immer ein Bärendurchzugsgebiet. Erst in den letzten zehn Jahren haben hier einige Braunbären vorübergehend und einige weitere dauerhafte Einstände bezogen. 1993 und 1994 hielten sich drei Bären, die feste Reviere aufgebaut hatten, in diesem Gebiet auf. 1991 haben sich mindestens acht Bären im gleichen Raum bewegt; fünf davon sind aber wieder abgewandert. Eine Spur konnten wir bis an die Südseite der Karnischen Alpen verfolgen. Ich vermute, daß sich dieses Tier in wärmeren Regionen eine Bleibe für den Winter gesucht hat.

Ein zweites, männliches Jungtier trennte sich nach zwei Jahren Lehrzeit von seiner Mutter (der Abnabelungsprozeß kann sich von vier Wochen bis zu drei Monaten hinziehen) und wanderte ebenfalls 1991 aus dem Weißenseegebiet ab. Am Katschberg wurde es von Forstarbeitern gesichtet, am Radstädter Tauern von Schifahrern. Später tauchte es in Wörschach auf und versetzte einen Jogger in Tauplitz sowie eine Landwirtfamilie in Bad Mitterndorf in Aufregung. Ich folgte den Spuren dieses Tieres mit äußerster Sorgfalt und legte dabei – im ersten Abwanderungsjahr des Jungbären – allein zu Fuß etwa 1200 Kilometer zurück. Zum erstenmal bekam ich ihn im Ennstal, nahe Wörschach, auf einer Wiese oberhalb der Wörschachklamm zu Gesicht. Schlußendlich bezog er im selben Jahr sein Winterquartier in der Nähe des Toplitzsees, Steiermark. Dieser Bär entwickelte sich zum außergewöhnlichsten Wandergesellen seiner Zunft, den ich persönlich kennenlernte, und dabei beobachte ich Bären schon seit beinah dreißig Jahren.

Der legendäre finnische Langstreckenläufer Paavo Nurmi, der zwischen 1922 und 1931 immerhin 22 offiziell anerkannte Weltrekorde auf den Strecken 1.500 und 20.000 Meter lief, mußte Pate stehen und mir seinen Namen für diesen Bären leihen, der ihm auch alle Ehre macht.

1992 konnte ich zwei durchwandernde Bären in Kärnten orten, 1993 wurden mir ein Tier, von dem ich Haare an einem Kratzbaum fand, im Raum Koralpe sowie ein Bär im Nockalmgebiet gemeldet.

Schädel eines alten Braunbären: Sehr gut zu sehen sind die Backenzähne, welche beim Bären – im Gegensatz zu anderen Raubtieren – flach und zum Mahlen ausgebildet sind. Das Gehirn ist im hinteren Schädelteil eingebettet (oben). – Die ausladenden Jochbeinbögen sind beim lebenden Tier von Muskeln umgeben (unten).

Bären bedienen sich auf ihren Wanderungen stets derselben jahrhundertealten Wechsel (siehe Pfeile!)

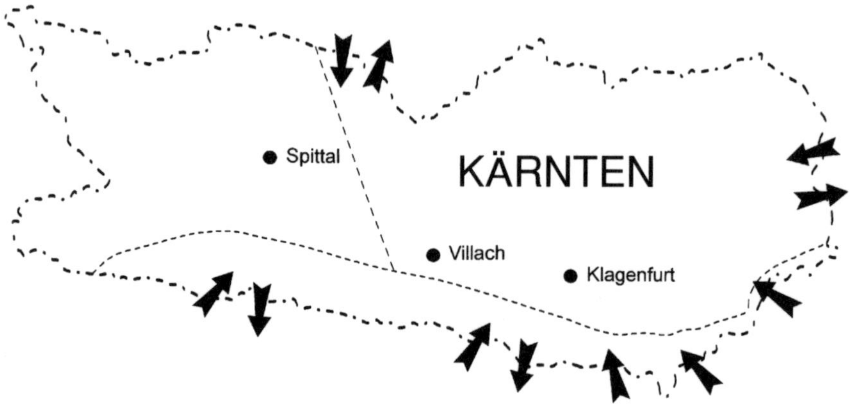

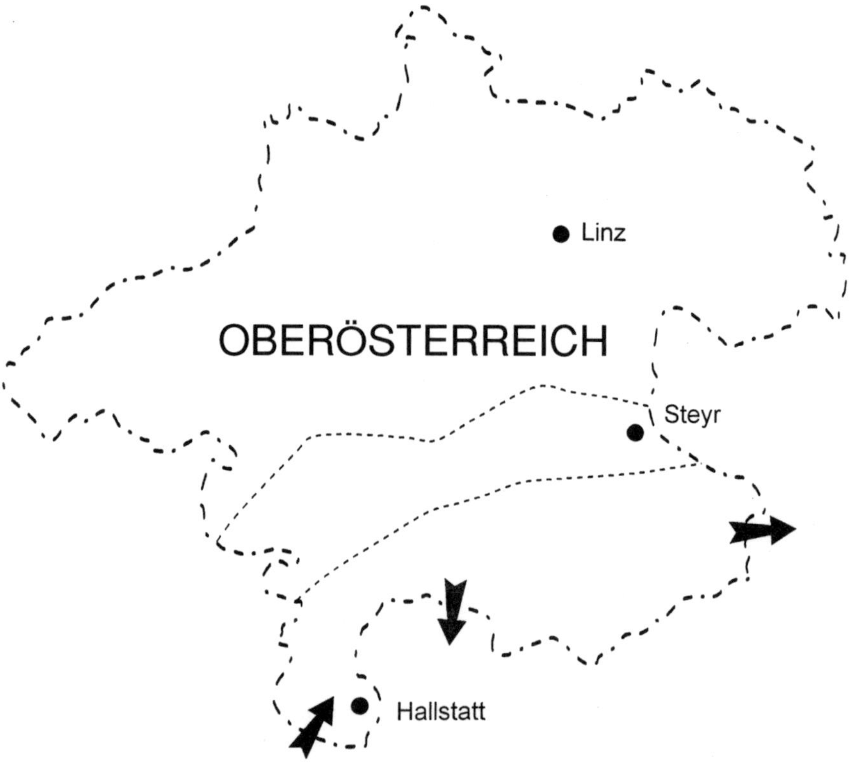

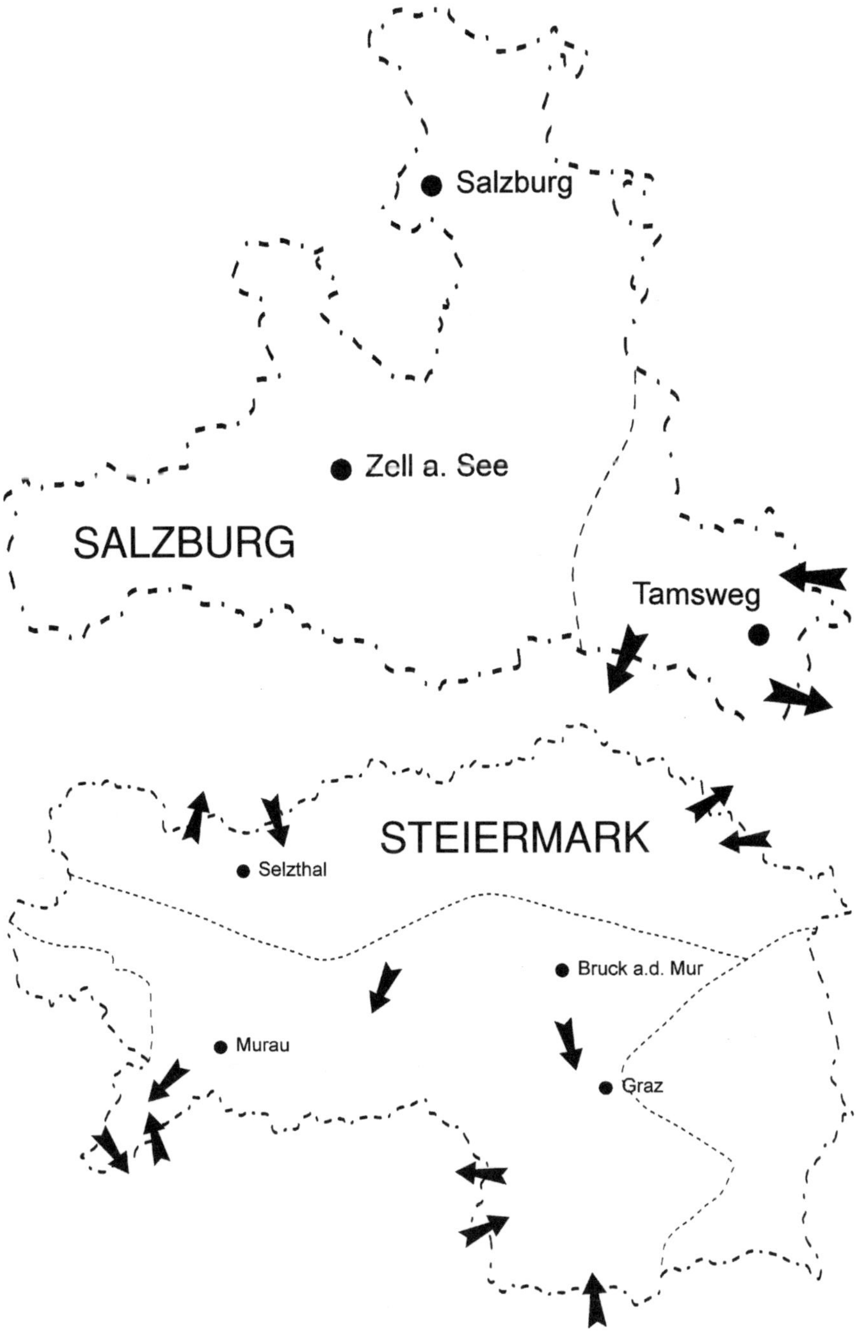
Salzburg
Zell a. See
SALZBURG
Tamsweg
STEIERMARK
Selzthal
Bruck a.d. Mur
Murau
Graz

Diese Besuche kommen aus dem benachbarten Slowenien. In diesem kleinen Land, 20.251 Quadratkilometer und knapp 2 Millionen Einwohner, gibt es eine starke Bärenpopulation von etwa 250 bis 300 Tieren, die herangehegt und geschützt wurde. Als Folge des Populationsdrucks wandern immer wieder einige Tiere ab und gelangen über uralte Bärenwechsel, denen auch Straßen, Schienen und andere Bauten nichts anhaben konnten, in unser Land.

Vor über 22 Jahren (1972) erreichte ein etwa drei bis vier Jahre alter, offensichtlich von Fernweh geplagter Bär Niederösterreich und zeugte nach 17 sexuell enthaltsamen Sommern völlig problemlos Nachwuchs.

Infolge der Grenzöffnungen der ehemaligen Ostblockstaaten ist es nicht unwahrscheinlich, daß Tiere auch von dort vereinzelt nach Österreich einwandern, denn in Tschechien gibt es Braunbären ebenso wie in Polen und Rumänien. Auf jeden Fall kann von erweiterten Einwechselmöglichkeiten gesprochen werden. Allerdings bleibt Slowenien nach wie vor die ergiebigste „Bezugsquelle“ für die Aufstockung unserer Bärenpopulation.

Seit fünf Jahren bemüht sich die Naturschutzorganisation World Wide Fund (WWF) um die Wiedereinbürgerung einer Braunbärenpopulation im Dürrenstein- und Ötschergebiet. Anlaß dafür war der obengenannte, 1972 natürlich zugewanderte Bär. Alle zugesetzten Tiere wurden in Slowenien angekauft, in der Stahlschlingenfalle gefangen, narkotisiert, vermessen und, mit einem Halsbandsender versehen, nach Österreich gebracht. Zuvor hatte ein slowakischer Bärenexperte das Gebiet um den Dürrenstein, Ötscher und Wildalpen besichtigt und es für ein Bärenhabitat als geeignet erklärt. Schließlich wurden in den Jahren 1991, 1992 und 1993 drei Tiere dort freigesetzt. Bei diesem Experiment gingen allerdings zwei von fünf eingefangenen Tieren an den Folgen der Prozedur zugrunde.

Zu diesen sogenannten „Habitatsbeurteilungen“ oder Studien über Wohngebiete verschiedener Faunaarten möchte ich noch einmal feststellen, daß – wie uns so manche Beispiele beweisen – Fehleinschätzungen durchaus vorkommen können. Elche etwa, die in Kanada jahrzehntelang in Gebieten lebten, die man sorgfältig erforscht hatte, um daraufzukommen, weshalb sie das tun, wanderten ganz plötzlich ab, ohne daß ein offensichtlicher Grund dafür vorgelegen wäre. Auch die hinlänglich bekannte Abwanderung der Weißwedelhirsche aus ihren angestammten Revieren läßt sich bis heute nicht erklären.

Seit rund drei Jahren wird mir bei meinen Vorträgen von der Bevölkerung, aber auch bei den zahlreichen Kontakten mit Leuten, die in Gegenden leben, welche von Bären aufgesucht werden, regelmäßig die gleiche Frage gestellt: „Ist dieses Bärenprojekt im Ötschergebiet und den Wildalpen erforderlich, wenn doch immer wieder Bären in unser Land auf natürliche Weise zuwandern?“

Der WWF hat zunächst einmal großartige Hilfestellung geleistet und dem aus Slowenien zugewanderten Altbären 1991 ein Weibchen beigesellt. Im Sommer 1992 folgte ein zweites, und im Frühjahr 1993 wurde ein männliches Tier im niederösterreichisch-steirischen Grenzgebiet freigelassen. Eine Versicherung, die durch Bären verursachte Schäden abdeckt, war längst abgeschlossen worden. Absicht der Projektbetreiber war es, Österreich wieder zu einem „Bärenland“ – das es mit einer Unterbrechung von 130 Jahren schon immer gewesen ist – zu machen. Die Initiatoren haben wohl damit gerechnet, daß sich die Tiere fortpflanzen; sie haben ferner auf eine natürliche Zuwanderung gehofft, aber nicht so recht daran geglaubt und die Folgen des Unternehmens nicht bedacht. Gegen die Bezahlung von Schäden, die nicht durch „Projektbären“ verursacht wurden, setzten sie sich mit Recht zur Wehr – vergaßen dabei aber, zu erwähnen, daß wir alle gemäß dem auch von Österreich unterzeichneten Berner Artenschutzabkommen aus dem Jahr 1983 *verpflichtet* sind, den Bären zu schützen und unser Scherflein dazu beizutragen. Ziel dieses Übereinkommen ist es lt. Kapitel 1/1, Allgemeine Bestimmungen, erstens: wildlebende Pflanzen und Tiere sowie ihre natürlichen Lebensräume, insbesondere jene Arten und Lebensräume, deren Schutz die Zusammenarbeit mehrerer Staaten erfordert, zu erhalten und eine derartige Zusammenarbeit zu fördern; zweitens: besondere Aufmerksamkeit den gefährdeten und empfindlichen Arten – einschließlich der gefährdeten und der empfindlichen wandernden Arten – zu widmen.

Zweifelsohne hätte die Bevölkerung vor Durchführung eines derartigen Projekts informiert und über alle Problematiken, die es mit sich bringen könnte, aufgeklärt werden müssen. Auf diese Art und Weise hätten die Betroffenen eine andere Einstellung zum Bären und den damit verbundenen Umständen erlangt. Nur wenn es uns gelingt, die Menschen davon zu überzeugen, daß wir diese Tiere in unserem Land *wollen,* besteht eine gute Überlebenschance für sie. Andernfalls könnte eine neuerliche Ausrottung die Folge sein.

Gleichgültig, um welche Naturschutzgruppe es sich auch handeln mag – ich halte es für überheblich, wenn sie annimmt, daß es nur ihr allein zuzuschreiben ist, wenn sie eine vom Aussterben bedrohte Tierart für einige Jahre über den Berg retten will. Denn ohne Mitwirkung der in den Bärengebieten lebenden Bevölkerung, der Jagdverantwortlichen, der Forstbehörden und der Landwirte sind alle diesbezüglichen Bestrebungen hinfällig. Auch einzelne naturkundlich Interessierte leisten Aufklärungsarbeit und versuchen, die Gesellschaft für das Überleben der Braunbären zu gewinnen. Sie auszugrenzen und in ihren Aktivitäten zu behindern, scheint mir unklug. Niemand wird sich tatsächlich profilieren, wenn er sich nur einem kleinen akademischen Kreis zuzählt, der glaubt, Dinge lenken zu können, die uns alle betreffen. Nur ein Miteinander kann in einer so heiklen Sache von Nutzen sein. Es kann und darf einfach nicht geschehen, daß eine Gruppe von Projektbetreibern, die ein hervorragendes Wiederansiedlungsprojekt ins Leben rufen wollte, mit Erleichterung hofft, der Bär „Nurmi" wäre am 30. April 1994 bei einem Unfall verletzt, in der Folge im Bärengehege der Prinz Reußschen Forstverwaltung gesund gepflegt und dann aber arretiert worden, um bis an sein Lebensende „einem staunenden Massenpublikum" vorgeführt zu werden. Die Begründung dafür: Dieser Bär sei ein „Problembär", der Schafe reißt, Hasen stibitzt und sich nahe an besiedeltes Gebiet heranwagt.

Haben denn jene, die solches von sich geben, keine Erfahrungen mit Bären, oder machen sie sich selbst etwas vor?

Jeder Bär verliert seine Scheu, wenn er sich leicht Nahrung beschaffen kann und durch vorbeugende Maßnahmen nicht daran gehindert wird. Auch Schalenwild verliert in strengen Wintern seine Zurückhaltung und kommt ganz nahe in besiedeltes Gebiet. Tag- und Nachtgreifvögel warten an Autobahnen oder anderen Straßenrändern und machen sich über totgefahrene Tiere her. Fischotter jagen in kleinen Teichen, in denen die Beute „konzentrierter" vorhanden ist, vor den Augen der Fischzüchter. Reiher und Kormoran bringen ganze Kleinindustriezweige zur Verzweiflung, Marder legen selbst in Großstädten Autos lahm. Sie alle – wie wir Menschen – holen ihren Unterhalt dort, wo sie ihn leicht finden. Und nicht anders handeln Bären – der eine mehr, der andere weniger.

Als man mich im Frühjahr 1994 darüber informierte, daß ein Bär bei Furth, Niederösterreich, im „Blutrausch" elf Schafe gerissen hatte, dachte ich sofort an einen abartig veranlagten Schlagbären. Hätte dieses Tier tatsächlich innerhalb einer einziger Nacht elf Schafe gemordet, wäre ich für sofortigen Abschuß eingetreten, denn mit einem „Lustmörder" unter Bären gehört nicht lange gefackelt. Aber aufgrund des beschriebenen Verletzungsbildes der getöteten Schafe waren für mich zweifelsfrei Hunde die Täter. Selbst die gebrochenen Wirbelsäulen von zwei der toten Tiere brachten meine Meinung nicht ins Wanken. Wenige Tage später bestätigte sich meine öffentlich ausgesprochene Vermutung: Zwei Schäfermischlinge wurden als „Wiederholungstäter" erwischt und vom Hundehalter ins Jenseits befördert.

Alle Bären, ob künstlich eingebürgert oder natürlich zugewandert, vergreifen sich an Bienenstöcken, Schafen und kommen gelegentlich in dichter besiedeltes Gebiet, vor allem in ihren Wanderjahren. „Nurmi" ist ein Ausnahmefall im direkten Vergleich zu den in Österreich ausgesetzten Tieren. Erstens wuchs er in einem wesentlich dichter besiedelten Gebiet auf und ging sehr früh auf Wanderschaft. Zweitens hatte er dadurch einen anderen Erfahrungsschatz erworben als Tiere, die bereits geschlechtsreif in „vorgesehene“, dünner besiedelte Areale gebracht worden waren.

Es ist ungewiß, wie sich der Nachwuchs jener Bären entwickeln wird, die sich zur Zeit – und weniger Schaden anrichtend – in ihren Einständen bewegen. Der Populationsdruck wird sie vielleicht zur Abwanderung zwingen. Ihre Lebensweise wird sich aufgrund ihrer Anpassungsfähigkeit ändern; sie werden auffällig werden und sich ihre Nahrung dort holen, wo sie leicht zu bekommen ist. Rasch werden sie erkennen, daß sie vom Menschen nichts zu befürchten haben. Einige werden sich als „Nurmis“ erweisen und zu jenen Bären zählen, mit denen niemand etwas zu tun haben will. Aber auch diese Tiere müssen als Produkte der Wiedereinbürgerung betrachtet werden, und wenn schon Artenschutz, dann müssen auch die weniger „Braven“ in das Projekt einbezogen werden, zumal ja *wir* es sind, die sie zwingen, einen derartigen Über-Lebens-Wandel zu führen.

Ein Exemplar aus dem Erstwurf der eingebürgerten, besenderten und schlußendlich verunglückten Bärin „Mira“ bestätigt meine These. Das etwa vier Jahr alte Tier zeigt wenig Scheu und wagt sich in zunehmendem Maß in bewohntes Gebiet. Darin kann ich kein normwidriges Verhalten erkennen. Wie schon gesagt: Erfahrung und Urbanisierung unterstützen das anpassungsfähige Bärwild. Es ist auch durchaus möglich, daß Bären, die einmal gefangen und durch menschliche Manipulation beeinflußt wurden, über negative Erfahrungen verfügen und sich mehr fürchten als ihr unbelasteter Nachwuchs. Es ist aber auch nicht auszuschließen, daß ein durch Medikamente betäubter Bär, der sich von einem Menschen provoziert fühlt, aggressiv reagiert.

Wirklich „verhaltensgestörte“ Bären reißen nicht, um sich zu ernähren; sie töten, weil ihre anormale Veranlagung sie dazu zwingt. Diese Tiere gehören so rasch als möglich beseitigt.

In einem Schreiben vom August 1988 gratulierte ich der Bärenprojektleitung des WWF zu ihrer Zielsetzung und teilte ihr meine Befürchtungen über den möglichen Ausgang bei Nichteinbeziehen der Bevölkerung mit. Ich wies darauf hin, daß es ein fast unmögliches Unterfangen sei, in einem Land, aus dem der Bär vor 130 Jahren verschwunden ist, eine Wiedereinbürgerung durchzuführen. Leider dürfte dieser Brief im Trubel der damaligen Vorgänge der Aufmerksamkeit der Verantwortlichen entgangen sein. Ich bekam nie Antwort auf ihn. In der Folge bot ich in unzähligen Telefongesprächen meine kostenlose Mitarbeit und die Einbringung meiner Erfahrungen an, da es mir um die Sache selbst und um das Überleben dieser Tiere ging.

Leider mußte ich bei einer Zusammenkunft mit der Bärenprojektleitung des WWF am 31. Mai 1994 in Wien die betrübliche Feststellung machen, daß die verantwortlichen Herren trotz meiner positiven Einstellung zum Bärwild und meiner volks- und jägerschaftsnahen Aufklärungsarbeit – vielleicht aber auch gerade deswegen – ausschließlich an meinen gesammelten Daten interessiert waren. Obwohl wir die gleichen Ziele verfolgen, sprechen wir zu meinem größten Bedauern noch immer nicht dieselbe Sprache.

Es liegt mir sehr viel am Gelingen des Bärenprojektes des WWF, denn diese weltweit tätige Naturschutzorganisation hat unendlich viel in Bewegung gesetzt und auch erreicht. Gerade deshalb kann ich nicht verstehen, daß sich die Bärenprojektleitung nicht bewußt war, daß nur der Weg der vorauseilenden Offenheit zum Ziel führt, dieser Weg aber nicht einmal zaghaft beschritten wurde. Die Wiedereinbürgerung von Bärwild ist eine Angelegenheit, die viel Verständnis für die Bevölkerung und enormes Wissen nicht nur über das Verhalten der zugesetzten Braunbären verlangt, will sie nicht in den Bereich der Hobbymanie absacken.

Wie alles anders hätte laufen können, zeigt anschaulich der Parco Nationale di Abruzzo in Italien, dessen Leitung eindeutig vorexerzierte, daß derartige Projekte nur mit der menschlichen Gesellschaft gemeinsam gelingen können. Eine Versicherung deckt die entstehenden Schäden. Die Landwirte dort erhalten finanzielle Zuwendungen. Die Nationalparkleitung legt Obstplantagen, Luzerne-, Mais- und Karottenfelder an; sie muß ständig beweisen, daß sie nicht nur ein Herz für Tiere, sondern auch für die ortsansässigen Bauern hat. Dann ist es um vieles einfacher, ein solches Projekt durchzuziehen. Und die Einheimischen, die dabei mitverdienen, sorgen schon dafür, daß sich die Wilderer nicht maßlos vermehren.

Bilder rechts: Feldforschung ist für die Beobachtung von Bären unerläßlich: der Autor im Basislager (oben) und mit seinem Mitarbeiter beim Festhalten von Notizen (unten).

Bilder umseitig, links oben: Diese Fährte ist keine zehn Minuten alt. Der größere Abdruck ist der des hinteren, der kleinere der des vorderen Fußes. – Daneben: Die Umrisse der Fußabdrücke werden auf Platten aus Spezialglas nachgezeichnet. – Unten: Trittsiegel, die von der Sonne aufgetaut wurden, erscheinen mitunter so groß, daß man ein riesiges Tier vermuten könnte.

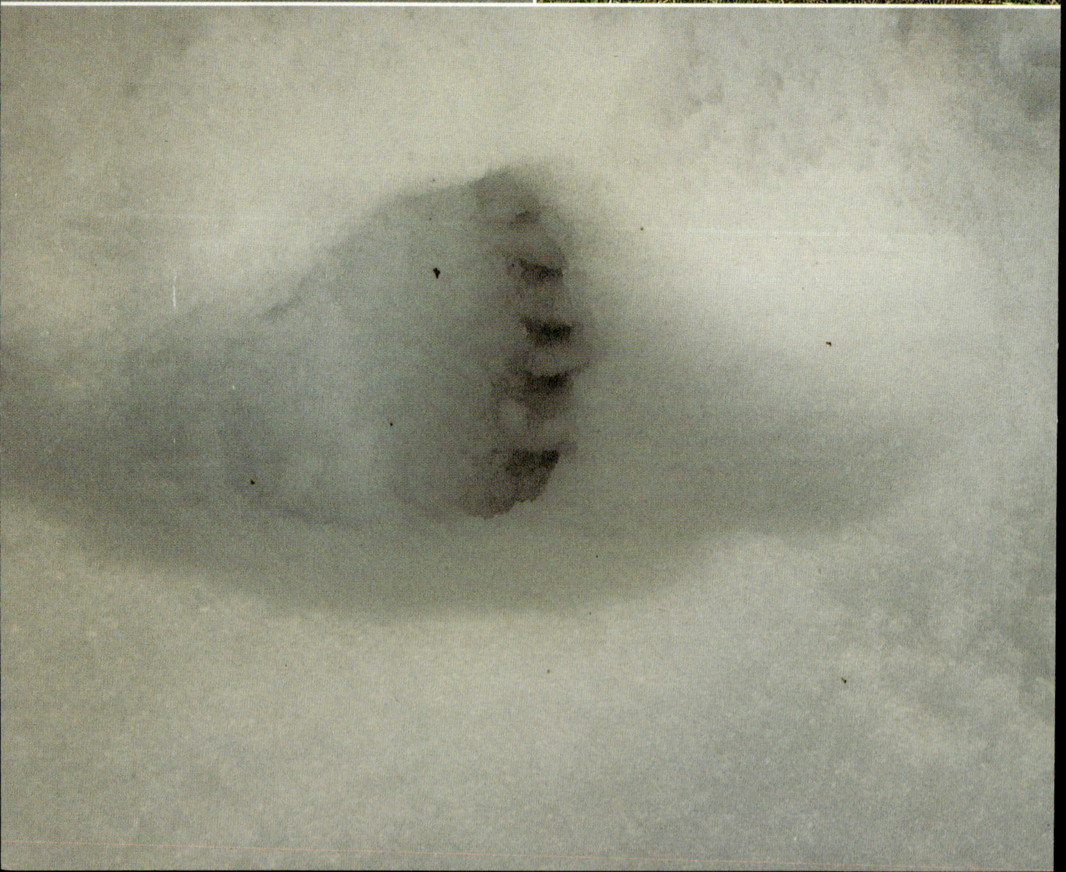

So traurig der folgende Satz auch klingen mag, so drastisch bringt er unseren Orientierungsverlust zum Ausdruck: Würden alle Gemeinden in Gebieten mit Bärenprojekten an den Angelegenheiten dieser Tiere wie an einer Formel 1-Rennstrecke mitverdienen, gäbe es – Gefahren hier, Gefahren dort – eine ganze Menge von Leuten, die sich für diese Geschöpfe Gottes einsetzten.

Bild umseitig: Bären können beängstigend laut brüllen; bei aggressivem Verhalten legen sie ihr Kopfhaar an.

Bilder links: Durch Braunbären verursachte Schäden: Eingedrückter Beckenrand eines Schwimmbassins (links oben); gerissene Schafe (daneben; links unten); gerissenes Reh mit aufgeschnittenem Vorderteil (rechts unten).

„NURMI" AUF KRIEGSPFADEN

Durch die Zuwanderung von Bären nach über 130 Jahren Abwesenheit wird der davon betroffene Teil der Bevölkerung verunsichert. Diese Menschen können mit der neuen Situation nicht richtig umgehen. Gewiß zählt Meister Petz zu den größten Landraubtieren, dennoch sind diese Tiere keine Bestien. Die einzigen Ansprüche, die sie stellen, sind Nahrung und entsprechender Lebensraum.

Braunbären sind reaktionsschnelle, kräftige Tiere; sie besitzen neben ihrer hohen Intelligenz eine hervorragende Anpassungsfähigkeit. Der heimische Bär ist aufgrund der Bevölkerungsdichte ein eher dämmerungs- und nachtaktives Wild geworden, welches man tagsüber nur selten beobachten kann.

Bei manchen Menschen ist die Furcht vor diesen Tieren groß und gar nicht unbegründet. Erinnern wir uns nur so mancher Schlagzeile, die in den letzten Jahren durch die heimische Presse ging: „Bestie Bär hat wieder zugeschlagen!" – „Bär zog blutige Spur von ... bis... !" – „5 Schafe fielen mordendem Braunbären zum Opfer!" Aber bei den Journalisten hat nunmehr ein Umdenken stattgefunden, und ihre Berichterstattung nimmt zunehmend Informationscharakter an.

Amerikanische Filmemacher ließen Wildkampierer durch Grizzlys der Reihe nach aufgefressen werden, und man stellte die letzteren immer wieder als blutrünstige Ungeheuer dar. Kein Wunder, wenn solcherart informierte Menschen etwas von Bären in ihrer Umgebung hören und sie die Angst überkommt. Und was dann, wenn sie einer solchen „Bestie" tatsächlich begegnen?

Es ist nicht unbedingt von Vorteil, wenn die Angst in Panik umschlägt, denn gerade daraus entstehen Situationen, die fatal enden könnten. Voraussagen läßt sich so etwas nie, denn eines haben diese Tiere mit uns Menschen gemeinsam: ihre Persönlichkeit, die sie genauso von ihren Artgenossen unterscheidet wie uns. Die Reaktion jedes einzelnen ist nicht vorausberechenbar; was der eine mit Gelassenheit hinnimmt, beantwortet der andere unmißverständlich klar mit aggressivem Verhalten. Dazu einige Beispiele.

Eines davon trug sich am 30. März 1994 im Steyerlingtal, OÖ, im Revier der Nettingsdorfer Papierfabrik mit dem von mir „Nurmi" genannten, etwa 5jährigen Braunbären zu. Herr Dipl.-Ing. Dir. Wilfried Kann aus Gmunden berichtet:

„Am 30. März um 1.45 Uhr ging ich zum Verlosen des Kleinen Birkhahnes auf der Forststraße in Richtung Hofbauer-Lerchstock.

Es war eine klare Nacht, der Mond stand noch hinter dem Berg, als ich auf der sich hell abhebenden Forststraße, die mindestens 5 Monate nicht befahren worden war, einen dunklen Haufen etwa in der Größe eines liegenden Hirsches sah. Ich glaubte vorerst, es handle sich dabei um einen abgerissenen Rasenteil vom Straßenhang.

Als ich näher kam, wollte ich mit meinem Bergstock und meinen Füßen diesen Rasenteil den Abhang hinunterstoßen. Im letzten Moment überlegte ich es mir anders und berührte diesen Haufen weder mit den Füßen noch mit dem Stock. Ich war davon höchstens eineinhalb Meter entfernt, als sich der Haufen bewegte. In diesem Augenblick wußte ich, weil bekannt war, daß sich in diesem Gebiet ein Bär aufhielt, daß es tatsächlich ein Bär war. Der Bär dürfte am Wegrand geschlafen haben.

Als er aufstand, befand ich mich hinter ihm, etwa einen Meter. Ich behielt, obwohl mir der Schreck in allen Gliedern saß, die Nerven und entfernte mich, immer wieder zurückschauend, langsam die Forststraße hoch. Der Bär stellte sich quer zur Straße und schaute mir, ohne einen Ton von sich zu geben oder Anzeichen von Aggressivität zu zeigen, nach. Nach einer Kurve, als der Bär aus meinem Blickfeld kam, begann ich rascher zu gehen, weil ich dachte, das Tier könnte mir folgen, was aber nicht geschah.

Als ich um 7 Uhr morgens, nach dem Hahnverlosen, wieder zurück an diese Stelle kam, fand ich noch Brantenspuren und Teile einer Gamsdecke."

Herr Kann erzählte mir diese Geschichte noch am selben Abend. Auch ich hatte so ähnliche Begegnungen mit „Nurmi", aber davon später.

Dieser Vorfall zeigt deutlich, daß der Bär ebenso verängstigt war und eine Stellung einnahm, in der er abwartete, was der Eindringling tun würde. Wahrscheinlich war das Tier – eben aus dem Tiefschlaf gerissen – nicht in der Lage, mit Flucht oder Angriff zu reagieren. Es beruhigte sich aber, als sich der Jäger von ihm entfernte.

Das zweite Beispiel: Es trug sich am 12. August 1992, knapp unterhalb der Baumgrenze zwischen Spitzegel und Golz, im Weißenseegebiet zu. Ich war in Begleitung meiner gelegentlichen Mitarbeiterin, Spuren- und Fährtenfinderin Sonja Kracher. Um 6 Uhr 30 ließ uns leichter Steinschlag vor uns aufhorchen. Etwa 50 Meter oberhalb stand ein Bär und brummte auch schon tief und mißmutig. Wir sahen ihn beide an und rührten uns nicht. Plötzlich stürmte er los, bremste sich aber nach 3 bis 4 Sprüngen wieder ein. Mit leicht geöffnetem Fang (Maul) stand er da und röhrte uns an, womit er uns unmißverständlich zu verstehen gab, daß er uns hier nicht wolle. Wir aber blieben vorerst noch immer ruhig, und schon war er auf eine Entfernung von 25 Meter herangesprungen, hielt jedoch wieder. Daraufhin zogen wir uns langsam zurück, das Tier ständig im Auge behaltend. Unser Benehmen beruhigte ihn, und er wandte sich von den Störenfrieden ab. Auf einmal lief er in die uns entgegengesetzte Richtung in den Wald.

Zweifellos hatte das Tier attackiert, um uns zu vertreiben, denn nie konnte ich solche Angriffe beobachten, wenn sich ein Bär unbeabsichtigt einem Menschen näherte oder ihn seine Faulheit in die Nähe eines Gehöfts trieb, um sich Nahrung zu verschaffen, wobei er von Menschen überrascht wurde.

Ein unglaubliches Erlebnis hatte ich an einem außergewöhnlich warmen Dezembertag des Jahres 1992 nahe des Flodring – eines Berges im Grenzgebiet zwischen Bad Mitterndorf und Bad Aussee. Daß dort um diese Zeit regelmäßig ein Bär von der einen auf die andere Seite wechselte, war den Jägern, Forstleuten und mir bekannt. Ich war mit einem meiner besten Mitarbeiter – einem Tausendsassa, der einfach alles kann und zudem ein unermüdlicher Geher und fleißiger Naturbursch ist –, dem aus St. Stefan ob Leoben stammenden Sigi Maurer, unterwegs, als mich Herr Dipl.-Ing. Josef Frei von den Österreichischen Bundesforsten Bad Mitterndorf verständigte, daß in besagtem Gebiet eine über zehn Jahre alte Rehgeiß von einem Bären gerissen worden war. Ein Jäger, der den Riß entdeckt hatte, führte mich zu der betreffenden Stelle, an der im reichlich vorhandenen Schnee eine – etwa einen Tag alte – durch die eingebrochene Wärme schon etwas ausgetaute Bärenfährte zu sehen war. Die Rißstelle lag zehn Meter oberhalb der wegen des Schnees nicht befahrenen Forststraße. Bedauerlicherweise befanden sich die Glasplatten, Zeichenstifte und die Schublehre, mittels derer die Trittsiegel festgehalten und vermessen werden, im Jeep meines Freundes Maurer, der sich ca. einen Kilometer entfernt und vierhundert Meter unter mir befand. Über Funk bat ich ihn, die nötigen Geräte zu holen und hochzubringen. Bis zu seinem Eintreffen hatte ich mit einer Wartezeit von mindestens einer Stunde zu rechnen.

Der mich begleitende Jäger konnte nicht warten und stieg bald darauf wieder ins Tal ab. Die erste halbe Stunde verbrachte ich mit dem Fotografieren des „Tatortes“. Danach ging ich hinunter zur Forststraße und stellte mich an eine ausgesprengte, etwa vier Meter hohe Felswand in die wärmende Sonne. Es war 9 Uhr 15. Meinen Freund, der aus einer anderen Richtung kam und sich deshalb nicht an unseren Spuren orientieren konnte, lotste ich über unsere Funkgeräte zu mir herauf. Da fiel plötzlich ein Schneebrocken, dem einige kleinere Steine folgten, vor meine Füße – nichts Außergewöhnliches an einem solch warmen Tag. Schnaufend und außer Puste erreichte mich um 9 Uhr 55 mein Kollege. Zwei Minuten später standen wir dort, wo am Tag zuvor der Bär die Rehgeiß gerissen hatte. Im ersten Moment traute ich meinen Augen nicht, denn was ich jetzt zu sehen bekam, war wirklich unglaublich!

Der Bär war innerhalb der letzten halben Stunde da gewesen und dann neben seinen Fährten vom Vortag wieder zurückgegangen. Aber nicht nur das: Dort, wo er gestern das Reh verzehrt hatte, hatte er sich im Schnee gewälzt und einige Male hingesetzt. Im noch scharf abgegrenzten Abdruck seines Allerwertesten hinterließ er Schmutz und Fichtennadeln. Eine seiner frisch gesetzten Fährten führte in spitzem Winkel vor zur Anhöhe, von der aus er die Forststraße überblicken konnte, und wieder zurück. Unsere frischen Spuren, die der Jäger und ich hinterlassen hatten, störten das Tier nicht im mindesten, und da ich während der Zeit, als ich wartete, ständig mit meinem Mitarbeiter über Funk sprach, mußte es mich gehört haben. Meister Petz hatte, wie die spitzwinkelige Fährte bewies, Nachschau gehalten, woher und von wem die auf diese Distanz nicht zu überhörenden Laute kamen. Er hatte sich somit vier Meter oberhalb von mir aufgehalten und nachdem ihm klar war, was er vor sich hatte, seinen eingeschlagenen Weg fortgesetzt. An den Spuren und Fährten, die der Bär zurückließ, war nichts zu erkennen, was auf ein aufgescheutes Tier hätte schließen lassen – im Gegenteil: ruhig und gelassen war es seiner Einwechselfährte zurückgefolgt. Sie führte nach etwa siebzig Metern Anstieg in Richtung Flodringhöhe auf die Forststraße. Maurer und ich gingen der noch „warmen“ Spur nach, doch wir konnten das Tier nicht sehen. Es dürfte aber mitbekommen haben, daß wir ihm folgten, denn nach kurzer Zeit änderte es abrupt die eingeschlagene Richtung und verzog sich in einen Jungwald. Dem Bären dorthin zu folgen, wäre nicht nur provokant, sondern auch leichtsinnig gewesen.

Der 16 Jahre alte Gerhard Sackl aus Vorderschönberg erzählt:

„Am 17. Mai 1993, wir hatten uns gegen 23 Uhr zu Bett begeben, ich schlief in meinem Zimmer im Parterre in unserem Hause. So gegen 0 Uhr 45 weckten mich Geräusche, die von außerhalb kamen. Neben meinem Zimmerfenster befand sich an der Außenseite des Hauses, unter dem Balkon, ein Hasenstall, den ich betreute. Ich dachte, jemand wolle mir schon wieder einen Hasen stehlen. Ich nahm eine Taschenlampe und unseren Hund und eilte vor das Haus. Als wir draußen waren, schlug der Hund an und rannte sofort wieder ins Haus zurück. Ich richtete meine Taschenlampe zum Hasenstall, und da leuchtete ich, aus einer Entfernung von ca. 4 bis 5 Metern, einen Bären an. Zuerst stand ich einen Augenblick wie angewurzelt, fing mich aber rasch wieder und kehrte ebenfalls ins Haus zurück. Ich weckte meine Eltern, und wir gingen gemeinsam auf den Balkon und leuchteten nach unten. Der Bär hatte schon das Weite gesucht, wir sahen ihn in Richtung Bienenhaus davontrotten. Mein Vater entschloß sich, ihm mit dem Auto an der Bienenhütte zuvorzukommen. Dort hatte sich das Tier auch schon daran zu schaffen gemacht. Als wir ihn mit den Scheinwerfern anleuchteten, ergriff es die Flucht. Danach konnte ich aufgrund dieses aufregenden Erlebnisses nicht gleich einschlafen, dann aber dürfte ich sehr fest geschlafen haben, denn am nächsten Morgen war der Hasenstall aufgebrochen, und es fehlten zwei Hasen, die der Bär anhand der Spuren gleich an Ort und Stelle verzehrt haben dürfte."

Am 12. März 1993 ging ich um 7 Uhr 30 von Bad Mitterndorf in Richtung Öderntal und zweigte davor zur Salzaalm ab. Auf einer etwa 800 Meter geraden, mäßig steilen Forststraße, auf der noch Schnee lag, kam „Nurmi" von oben auf mich zu. Die Entfernung, die ich nach dem spannenden Ereignis mit Schritten maß, betrug ca. 130 Meter. Ich blieb wie angewurzelt stehen, nahm Swarovskis 10/42 Habichtglas und beobachtete das Tier. Es trottete langsam, wie einem Traum nachhängend, mit schlenderndem Kopf und hängenden Lefzen die Forststraße herunter. Der Wind kam von ihm. In meinen eigenen Fußspuren ging ich 80 Schritte rückwärts, stellte mich hinter einen Holzstoß und montierte an meiner Kamera ein anderes Objektiv. Am ungeschickten Verhalten meiner Hände hätte man meine Aufregung weithin erkennen können, doch ich verspürte nicht die geringste Angst und wollte nur endlich wieder ein ordentliches Foto schießen. Das Objektivwechseln dauerte Ewigkeiten und blieb erfolglos. Ich wußte, daß es zu keiner direkten, unmittelbaren Konfrontation kommen würde, da dem Bären, sobald er auf meine frischen Fußabdrücke im Schnee stieß, selbst der Schreck in die Glieder fahren würde. Zu oft lugte ich hinter dem Holzstoß hervor, und schon geschah das eben Vermutete: das Tier wurde halb hoch, wandte sich auf den hinteren Branten mit einer Drehbewegung von der Forststraße ab und sprang mit einem weiten Satz, wie ein irischer Schäferhund bellend, in den darunter gelegenen Wald. Einige Minuten lang konnte ich noch brechendes Unterholz und die überraschten Lautäußerungen von Meister Petz hören.

In diesen Fällen machten Menschen die Erfahrung, daß Bären ihnen aus dem Weg gehen. Daß aber auch die Bären um die Erfahrung reicher wurden, daß sie von Menschen nichts zu befürchten haben, bereitet allgemeines Unbehagen. Für gewöhnlich sind diese Tiere ja menschenscheu. Aufgrund ihrer Beobachtungen aber, die sie mit uns machen, stellt sich die Frage, ob ihre Dreistigkeit nicht geradezu herausgefordert wird.

Außer dem Menschen haben Bären keine Feinde. Das Jagdgesetz zählt sie zum jagdbaren Wild, welches aber ganzjährig geschützt ist. Da sie das nicht wissen können, werden möglicherweise einige von ihnen ihre Scheu über die erträglichen Grenzen hinaus verlieren. (Mir ist nur ein einziger Vorfall bekannt, bei dem ein beherzter Oberjäger namens Flatscher einen Bären durch Nachlaufen und lautstarke Verwünschungen von einer Rehfütterung vertrieben hat. So geschehen im Jahre 1992 in den Bundesforsten Bad Mitterndorf. Daß dies ein Ausnahmefall ist, braucht nicht eigens betont zu werden.)

Im Frühjahr 1992 leuchtete in der Schaltzentrale einer Gipsseilbahn in Grundlsee ein rotes Licht auf, das ein Gebrechen signalisierte. Die Bahn befördert von Grundlsee nach Bad Aussee Rohstoffe in die dort befindliche Fabrik und konnte an jenem Tag nicht wie gewohnt in Betrieb genommen werden. Streckenbegeher kontrollieren in regelmäßigen Abständen Stützen, Rollen, das Seil und andere technische Einrichtungen. In der Zentrale fand sich kein Hinweis auf den auslösenden Moment der Störung. Zwei Begeher machten sich auf den mühsamen Weg und stellten fest: Ein auf der Strecke gelegener Schalt- oder Sicherungskasten war gewaltsam aufgebrochen worden, einige Schwachstromkabel waren herausgerissen und deren Plastikhüllen zerbissen.

Damals lag in höheren Lagen, in denen auch jener Kasten installiert war, noch Schnee, und die zahlreich vorhandenen frischen Tritte überführten rasch den Täter. Ein Bär!

Für mich war dieses Verhalten vorerst ungewöhnlich. Ich mußte den Grund für diese so sinnlos scheinende Handlung herausfinden. Am Tatort fand ich nichts Außergewöhnliches. Im Schaltkasten fielen mir lediglich Ränderreste von dereinst abgestellten Flaschen auf, und in einer Ecke lag ein Kügelchen aus Stanniolpapier. Als ich es entfaltete, entpuppte es sich als Verpackung eines Käseeckerls. Ich vermutete, daß die Kontrollmannschaft ihre Wegzehrung im Schaltkasten deponierte und der Bär den verlockenden Düften ganz einfach nicht hatte widerstehen können. Ein Begeher, den ich befragte, gab mir recht, und somit hatte ich den Grund der sechsstündigen Förderseilbahnstillegung herausgefunden.

Ich entdeckte aber auch, daß zu diesem Zeitpunkt im Schaltkasten nichts zu holen gewesen war und der Bär, darüber erbost, die Kabel zerbissen hatte.

Eine andere Begebenheit, welche im Kärntnerland weithin bekannt ist, ereignete sich im April 1992. Die Pächterin der Naggleralm, Frau Ilse Unterköfler, berichtet sichtlich beeindruckt:

„Um 3 Uhr 30 – mein Mann und ich bewohnen mit den Kindern das obere Geschoß der Almhütte – wurde ich durch ein Geräusch geweckt. Ich wußte vorerst nicht, was ich davon halten sollte, irgend jemand machte sich an der

Links oben: Auch kombinierte Hasen- und Schafställe sind vor Meister Petz nicht sicher. – Daneben: Demoliertes Bienenhaus. – Links unten: Bären vermögen sogar Fischteiche auszulassen. – Daneben: Was von den Missetaten bleibt, ist Sch… (Bärenlosung ist menschlichem Kot sehr ähnlich, aber um einiges größer).

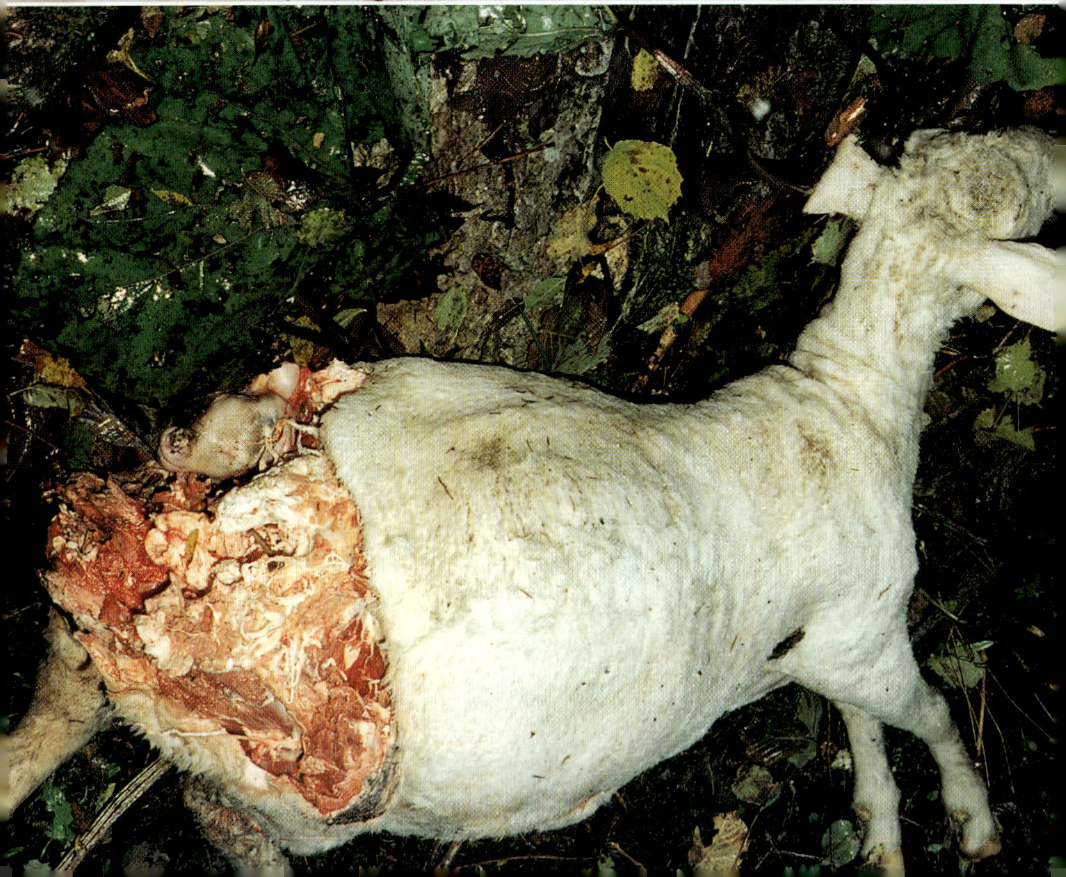

Haustüre zu schaffen. Ich wollte schon nachsehen, als ich einen tiefen Brummton hörte. Von da an wußte ich, daß es ein Bär war, und ich hatte natürlich Angst. Ich versuchte, meinen Mann zu wecken, aber der war vorerst nicht wachzukriegen. Jedes andere Geräusch, das der Bär mittlerweile rund ums Haus verursachte, war von einem langen, tiefen Brummton begleitet. Ich getraute mich nicht, meinen schlafenden Mann Ewald laut anzusprechen. Endlich gelang es mir, ihn wachzurütteln. Vorerst glaubte er mir nicht recht, aber bald hörte er selbst, was draußen vor sich ging. Wir hatten das Gefühl, als versuchte das Tier, irgendwo ins Haus einzudringen. Der Abfall wurde von uns Tags zuvor wegtransportiert, Lebensmittel waren allerdings gelagert, denn wir hatten uns für die bevorstehenden Osterfeiertage eingedeckt.

Immer wieder machte sich der Bär an irgend etwas zu schaffen, wir aber getrauten uns nicht einmal, aus dem Fenster zu schauen, obwohl es mondhell gewesen ist und wir den Bären mit Sicherheit gesehen hätten. Zwei ganze Stunden hielt er sich ums Haus auf. Bevor er ohne Beute abzog, stieß er Tische und Bänke um und brachte einen Bretterstoß zu Fall. Sein mißmutiges Brummen konnten wir bei seinem Abzug noch hören. Nach einiger Zeit, als Ruhe eingetreten war, ging mein Mann nach unten und hielt mit der Taschenlampe Nachschau. Auf der Eingangstreppe waren deutlich die Spuren von Bärentatzen zu erkennen.“

Schon des öfteren sagten mir Leute, die ähnliche Erlebnisse hatten, daß Bären, wenn sie an erschnüffelte Nahrungsquellen nicht herankommen, frustriert reagieren und sich wie Vandalen benehmen.

Nicht immer sind unmittelbar durch Bären erlittene Verluste an Haustieren von bedeutendem Umfang; heikel freilich sind die gelegentlich entstehenden Folgeschäden.

In der Großsölk (Steiermark) hat sich am 19. Mai 1993 folgendes ereignet:

Vor dem Auftrieb auf die Sommerfrischealm hatte der Landwirt Lorenz Zeiler, Hinterwald 52, 14 Schafe nahe seinem Anwesen in eine von einem Holzzaun und dem Sölkbach begrenzte Wiese gebracht, um die Tiere nach dem Winter im Stall an draußen zu gewöhnen. Ein Bär überstieg den Zaun; die Schafe gerieten in Panik und stoben in alle Richtungen auseinander. Er griff sich ein Muttertier, brach ihm mit einem Prankenhieb die Wirbelsäule und zog, nachdem er daraufgekommen war, daß er auch auf weiches Fleisch Appetit

Oben: Ca. 65 Kilogramm schwere, gerissene Hirschkuh. Sämtliche Innereien fehlen. Unten: Schaf, das an einer Zwillingsgeburt verendet ist. Das tote Muttertier wurde von einem Bären in ein Gebüsch gezerrt; anschließend verspeiste er etwa fünf Kilogramm Fleisch aus dem Schlegel.

hatte, dessen Jungtier nieder. Zuerst fraß er das Lamperl bis aufs Rückgrat auf, dann schnitt er sich vom Muttertier einige Kilogramm Fleisch heraus und zog sich gesättigt auf ein Schläfchen in den schützenden Wald zurück.

Für jeden Schafzüchter wäre dieser Verlust – so von der Versicherung wertentsprechend abgegolten – verkraftbar. Aber bedauerlicherweise stürzten sich weitere sieben Schafe in die schmelzwasserführende Sölk und ertranken.

Somit wird es für Tierhalter wesentlich schwieriger, derartige Verluste zu verkraften, und die Angst vor der Wiederholung ähnlicher Vorfälle zu einem Problem.

Anfang April 1993 bat mich der Bürgermeister der Gemeinde Grundlsee, einen Vortrag für die Einwohner des Ortes und dessen Umgebung zu halten, da ein Bär sehr nahe an besiedeltem Gebiet gefährtet und von einer jungen Disco-Besucherin um 5 Uhr morgens gesichtet worden war.

Das Interesse an diesem Vortrag war groß, und als ich Ende Mai in einem vollen Gasthaussaal zu den Einheimischen sprach und anschließend mit ihnen diskutierte, wurde mir klar, daß diese Menschen trotz aller Sachlichkeit, mit der sie das Thema „Bär“ behandelten – oder gerade deswegen –, mit diesem Tier kurzen Prozeß machen wollten. Mehrmals wurde ich gefragt, ob ich denn garantieren könne, daß durch diesen Zuwanderer niemandem ein Leid geschähe. Man verwies darauf, daß die Existenz ansässiger Imker gefährdet sei und der Tourismus Schaden nehmen werde, weil sich niemand mehr frei bewegen könne.

Ich bin diese Fragen aufgrund meiner zahlreichen Vorträge schon gewohnt, nur die volle Wucht, wie sie an diesem Ort auftraten, war etwas bedrückend Neues für mich, denn in anderen Gemeinden, wie beispielsweise in Steyerling, Oberösterreich, wo mir die Frechheit des allerorts bekannten „Nurmi“ unangenehm naheging, verhielt sich die Bevölkerung geradezu konträr.

Schon 1993 hatte der äußerst wanderfreudige „Nurmi“, der von Grundlsee über das Tote Gebirge in den Ebenseeer Bereich und über das Alm- ins Steyrlingtal eingewechselt war, wo er sich einige Tage aufhielt, seine hungrigen Spuren hinterlassen. Er drang in zwei Rehfütterungen ein, demolierte ein Bienenhaus und nahm anschließend ein Bad in einem Blechbassin, dessen Einstiegsleiter er benutzte. Dann wollte er herausspringen, rutschte dabei aus, fiel auf den Beckenrand und drückte diesen erheblich ein.

Drei Tage zuvor hatte ich den Bezirkshauptmann Hofrat Dr. Knut Spelitz in Kirchdorf an der Krems verständigt, daß der Bezirk mit dem Besuch eines Bären rechnen müsse. Ebenso informierte ich den Landesjägermeister von Oberösterreich, Herrn Reisetbauer, mit dem ich auch über eventuelle Schäden sprach.

1994 rief ich schon zwei Wochen zuvor die zuständigen Stellen an, um den rastlosen Wandergesellen anzukündigen, und am 21. März beeindruckte „Nurmi“ die Steyerlinger durch das gekonnte Öffnen eines Hasenstalls und die Entnahme eines der Insassen. Der Geschädigte, Herr Pölz, nahm es mit einem Schulterzucken hin. – Eine großzügige Geste, aber was wird geschehen, wenn es zu weiteren Vorfällen dieser Art kommt und die Betroffenen ihre Verluste aus der eigenen Tasche berappen müssen?

Am 22. März 1994 machte sich das gute Tier an der Vorratskammer einer Hochwildfütterung zu schaffen. Verführerischer Maisgeruch ließ den Bären zum Pawlowschen Hund werden. Irgendwie mußte er da hinein! Vorerst riß er Teile von Brettern heraus, doch das Loch war zu klein, um durchzugelangen. Die Tür war nur verriegelt, und so öffnete er – ökomonisch, wie Bären nun einmal sind – den Zugang zur begehrten Mahlzeit durch Entriegeln.

Tags darauf stahl er den Rehen aus den Tragln etwas Mischfutter, setzte Losung ab und hinterließ gut vermeßbare Trittsiegel in der weichen Erde. Am 24. März vermieste er Rotwild den Zugang zu einer anderen Fütterung beim Ebnergut, weil er die ausgelegten Äpfel, die er – wie alles Obst – liebt, selber verspeisen mußte. Danach suchte er die drei nahegelegenen Fischteiche desselben Gutes auf, fing sich einige Forellen und hinterließ als Zeichen seiner Anwesenheit drei Fischköpfe.

Am 25. März jagte er zwei Gänsen in der Bernerau erheblichen Schrecken ein. Die Tiere waren hinter dem Forsthaus im Freien untergebracht. Ein Ganter und seine Gesponsin, die gerade fünf Eier bebrütete, konnten im letzten Moment flüchten. Mit dem Nachwuchs war es allerdings vorbei – den hatte der Bär ausgeschlürft.

Die Bewohner des Forsthauses, die Familie Herzog mit Tochter, welche um 21 Uhr 30 mit dem Auto nach Hause kamen, konnten „Nurmi“ im Scheinwerferlicht beobachten.

Eine ihm wohlbekannte Köstlichkeit erschnupperte er am 29. März auf einer Wiese gegenüber dem fürstlichen Anwesen von Schaumburg-Lippe in Form eines 25-Liter-Kanisters eiweißspendenden Biokettenöls. An dessen Inhalt zu gelangen, war für ihn kein Thema, denn im Knacken von Plastikbehältern war er geübt.

Zudem hatte „Nurmi“ wahrscheinlich eine Erfahrung gemacht: Beißt er nämlich den Behälter an irgendeiner Stelle auf, dann geht ihm eine große Menge des Inhalts durch Verschütten verloren. Neuerdings versucht er, den Schraubverschluß zu öffnen oder zu knacken, um im Anschluß daran den Kanister in aufrechter Haltung an den Fang zu führen. Es ist unglaublich: Er steht dann da und sauft den Inhalt derart, daß man meinen könnte, ein Zirkusbär wolle etwas einmal Einstudiertes demonstrieren. Leider geschehen solche „Sehenswürdigkeiten“ meist in der Nacht, und es handelt sich um Zufälle, wenn man sie – wie wir – mit geliehenen Nachtsichtgeräten beobachten kann. Zu meinem Bedauern besitze ich noch keine Spezialkamera, mit der ich Derartiges fotografieren oder filmen könnte.

Noch in derselben Nacht besuchte er das ihm schon bekannte Anwesen der Familie Pölz und holte sich den zweiten und letzten Hasen aus dem Stall, den er gleich im Gehen verschlang. Er war fleißig in dieser Nacht; sein Magen war noch immer nicht gefüllt, und so stapfte er 200 Meter weiter zum Wohnhaus von Konrad Zeitlinger, der acht Hasen in einem Bretterstall hielt und einen weiteren außerhalb in einer Kiste, die auf einem Kasten in einer Höhe von ca. 1,50 Meter untergebracht war. Mit flinkem Griff holte sich „Nurmi“ den Kistenbewohner, trug ihn einige Meter vom Haus weg und verzehrte ihn, diesmal im Sitzen und sehr schlampig. Eine Keule und einige zersplitterte Knochen ließ er zurück. Seine Fährte führte auf eine Wiese, wo sie sich verlor.

Zu dieser Zeit war ich vor Ort, und nachdem ich alles aufgenommen, vermessen und fotografiert hatte, begab ich mich in der Hoffnung, er habe genug gestohlen, auf den Heimweg. Anderntags erhielt ich von Frau Herzog, Förstersgattin im vier Kilometer entfernten Forsthaus in der Bernerau, folgende Nachricht:

„Am Freitag, dem 25. März 1994, versuchte der Bär um ca. 21 Uhr, meine zwei Gänse, die in einem Garten hinter dem Haus untergebracht waren, zu stehlen. Sie entkamen aber, und so tat er sich an den 5 Eiern, die gerade bebrütet wurden, gütlich. Mein Mann, der mit dem Auto zurückkam, sah den Bären im Scheinwerferlicht. Das Tier richtete sich auf, erniedrigte sich wieder und ging davon. Ich gönnte ihm die Eier, trotzdem es mir um sie sehr leid tat. Heute, fast genau eine Woche später, kam der Bär wieder und riß an der Haustüre. Es war 7 Minuten nach halb neun Uhr abends. Ich sage Ihnen, 30 Jahre lebe ich hier in der Abgeschiedenheit, und nur selten habe ich mich gefürchtet, aber heute abend war ich wie gelähmt. Zum Glück brachte er die Türe nicht auf. Dann versuchte er es durch die Garage, deren Türe offenstand. Es befindet sich dort eine Türe, die verriegelt war. Auch daran riß er, und irgendwie gelang es ihm, den Riegel aufzubringen. So gelangte er in den hinteren Teil des Forsthauses, in dem wir zum Schutz vor dem Bären die beiden Gänse untergebracht hatten. Es war natürlich ein leichtes für ihn, eine der beiden eingesperrten Gänse zu bekommen. Er trug diese zum Bach hinüber, und mein Mann, der soeben zurückgekommen war, und ich konnten ihm beim Fressen zuschauen. Er muß vorher ums ganze Anwesen gegangen sein, denn wir fanden überall Spuren. Er ging sogar über eine schmale Stiege, die zu einer Veranda führte, hinauf. Auf ihr befand sich ein Vogelhaus, in dem noch Futter war. Er riß es herunter und fraß das ausgeleerte Vogelfutter. Zuvor mußte er in nassen Boden getreten sein, denn die Fußabdrücke sind deutlich sichtbar. Es waren furchtbare Augenblicke für mich, denn ich war ja zunächst alleine im

„Nurmi“ auf Gänsejagd.

Haus. Meine Einstellung, muß ich sagen, hat sich gegenüber dem Bären schon ein wenig geändert. Ich hoffe nur sehr, daß er unserem Hund nichts tut.“

Allerdings fügte Frau Herzog hinzu, daß sie – sollte sie von Zeitungsreportern bedrängt werden – davon nichts erzählen würde, da sie nicht wolle, daß diese eine Horrorstory daraus machten!

Trotz dieser Vorfälle steht der wesentliche Teil der Bevölkerung eindeutig hinter den Bären. Diese Beispiele zeigen uns aber auch, wie sehr das Erinnerungsvermögen dieser Tiere ausgeprägt ist, denn eines steht für mich fest: Frau Herzog wollte „Nurmi“ nicht zu Leibe rücken. Was sich seinem Gehirn stark eingeprägt hatte, waren die Gänse, die ihm eine Woche zuvor entwischt waren.

Allerdings bewegt sich derartiger „Benimm“ an der Grenze des Erträglichen. Jeder noch so tierliebende Mensch muß in diesem Verhalten eine potentielle Gefahr sehen. Sogar für mich, der ich das Tier ziemlich gut kenne und dadurch in zunehmendem Maß zu subjektiver Einstellung neige, war der deutlich erkennbare Verlust an Scheu Alarmstufe eins.

Mit solchen Aktivitäten erarbeitet sich „Nurmi“ langsam, aber fleißig sein eigenes Todesurteil, und ich würde womöglich mithelfen müssen, ihn aufzuspüren und seine Exekution zu erleben. Der Gedanke quälte mich ein wenig, und ich mußte an Konrad Lorenz denken, der da gesagt hatte: „Einer Maus in meinem Keller, die sich über meinen Speck hermacht, kann ich ohne weiteres den Hals umdrehen. Aber einer, die ich persönlich schon lange kenne, wäre ich nicht in der Lage, auch nur ein Haar zu krümmen.“

Ich befand mich in einer eindeutigen Konfliktsituation, und so kam ich auf die Idee, dem Kerl einen Denkzettel zu verpassen, der ihn – falls sein Anstand überhaupt noch zu retten war – in die Bärennormalität zurückführen sollte.

„Nurmi“ hatte die Gewohnheit, einmal aufgespürte Futterquellen zwei- bis höchstens dreimal in kurz hintereinander folgenden Abständen aufzusuchen. Diese Gelegenheit wollte ich nutzen, und so legte ich mich mit einer vertrauten und sachkundigen Person, bewaffnet mit Signalpistolen und ausreichender Leuchtraketenmunition, auf die Lauer. Es sollte sechs lange, zermürbende Wochen dauern, bis das gute Tier bei einem verlassenen Bauernhof auftauchte und eine in unmittelbarer Nähe befindliche Hochwildfütterung besuchte, um die dort ausgelegten Äpfel zu verzehren. Leider waren wir nicht zur richtigen Zeit am richtigen Ort, erfuhren aber am nächsten Morgen davon.

Nach sofortiger Besichtigung des Hofes und der Fütterung erwies sich die Lage unserem Vorhaben sehr entgegenkommend. Aus den ebenerdig gelegenen Fenstern des Anwesens hatten wir einen guten Überblick auch bis zu den am weitesten entfernten Futtertrögen.

Ich bediente mich eines erprobten Tricks, um die Möglichkeit seines Wiederkommens zu optimieren, und mischte unter die ausgelegten Äpfel alte, nicht mehr verwertbare Bananen. Damit zog ich eine Straße in Richtung unseres Beobachtungsplatzes. Der intensive Duft verfaulter Bananen übt zumindest auf Grizzlys eine so unglaubliche Anziehungskraft aus, daß sie alles andere vergessen und sich erst daran delektieren, ehe sie sich anderem Futter zuwenden. Auch die Nase unserer Bären reagiert eindeutig auf Bananengeruch.

Zwei Tage und zwei Nächte vergingen. Letztere verbrachten wir wachablösend im Zweistundenrhythmus.

Um 2 Uhr 55 weckte mich mein Assistent mit den ganz leisen Worten: „Der Bär ist da!“

Unsere Leuchtraketenpistolen lagen schußbereit auf der Bank des geöffneten Fensters. Den Schlaf rieb ich schnell aus meinen Augen. Der Bär war ungefähr dreißig Meter von uns entfernt und hob sich vom hellen Hintergrund deutlich ab. Der Wind ging aus unserer Sicht günstig, und da wir uns in einem Raum befanden, waren wir zusätzlich im Vorteil. Gemächlich fraß „Nurmi“ Banane um Banane, wobei er sich uns auf ungefähr zwanzig Meter näherte.

Eine gute Schußdistanz!

Das Klicken des einrastenden Pistolenhammers ließ den Bären augenblicklich hoch werden, aber da feuerten wir auch schon hintereinander, mein Partner zehn Meter rechts und ich zehn Meter links vom Tier haltend, unsere „Geschütze“ unter zusätzlichem Kriegsgeschrei ab.

Laden – feuern, fünfmal in Folge – so war es abgemacht.

Die Raketen sausten fürchterlich pfeifend, die Nacht zum Tag erhellend, durch die Luft, berührten den Boden, überschlugen sich und fauchten funkensprühend im Zickzack über die Wiese in Richtung Bach. Inmitten des grausamen Geschehens stand „Nurmi“. Es schien, als wüßte er nicht, wohin er sich wenden sollte; er drehte sich ein-, zweimal auf der Stelle, grunzte wie eine angeschossene Wildsau und galoppierte – nachdem unsere Munition verschossen war – bergwärts davon. Rasch verglühten die Leuchtkörper und, geblendet vom Lichtspektakel, konnten wir das verschreckte Tier nicht mehr sehen. Dafür hörten wir es noch lange donnergrollend, jedoch immer entfernter brummen – ein Zeichen dafür, daß „Nurmi“ nichts anderes wollte als nur weit, weit weg von jener Stelle, die für ihn einige Minuten lang die Hölle auf Erden gewesen sein muß. Selbst auf die Gefahr hin, daß er mich mit seiner feinen Nase identifiziert hatte und mir dieses Inferno bis zum Tag seines Todes nicht vergißt, mußte ich diesen für ihn so fürchterlichen Feuerzauber inszenieren, um ihm seine gefährlichen, für einen Braunbären ungewöhnlich frechen Aktivitäten abzugewöhnen.

Für die Dauer von sieben Monaten konnte ich von einer gelungenen

„Operation Nurmi“ sprechen, denn innerhalb dieses Zeitraums umging er besiedelte Gebiete, handelte besonnener und war beim Stehlen vorsichtiger. Aber auch einem Bär – so scheint es – wird bald bewußt, daß ein auch noch so schreckliches Donnerwetter keinen körperlichen Schaden hinterläßt, und er verfiel sukzessive in seine alten Gepflogenheiten.

„WIR KÖNNTEN AUCH SEHR GUT IN EINER WELT OHNE KONZERTE UND OHNE WILDTIERE LEBEN…"

Ein anderes Problem stellt sich mit der Frage: Wer bezahlt den entstandenen Schaden? Der Oberösterreichische Jagdverband ist – im Gegensatz zu den Jagdverbänden in der Steiermark, Kärnten, Niederösterreich und Salzburg – nicht gegen Schäden versichert, die Bären auf dem Gewissen haben. Bislang zahlte er einen Teil der im Jahre 1993 entstandenen Schäden aus der Verbandskasse. Eine Versicherung ausschließlich zu Lasten des OÖ. Jagdverbandes lehnt der Landesjägermeister, Herr Reisetbauer, kategorisch ab, denn er vertritt den Standpunkt, daß sich an ihr auch die organisierten Naturschutzgruppen anteilsmäßig beteiligen müßten.

Verständlich, wenn man bedenkt, daß die Jäger von den Bären – außer Schäden – nichts haben, da die Tiere ja ganzjährig geschützt sind, die Schutzgruppen hingegen für eine stärkere Population eintreten.

Anläßlich eines am 18. August 1994 von Herrn Bezirkshauptmann HR Knut Spelitz einberufenen „Bärengipfels" in Kirchdorf an der Krems wurde eine Lösung getroffen. Für 1994 wurde ein Fonds eingerichtet, der den Großteil der im Jahre 1994 angerichteten Bärenschäden abdecken soll und in den anteilsmäßig der Nationalpark Ötschergebiet–Dürrenstein, der WWF, der Oberösterreichische Jagdverband und das Land Beträge einzahlen. Ab 1995 soll eine Versicherung abgeschlossen werden. Von uns allen aber sollte – zumal Bärwild im Berner Artenschutzabkommen genannt ist – jener moralische Beitrag geleistet werden, der vorbeugend hilft, etwaige Schäden so gering wie möglich zu halten.

Imker schützen ihre Bienenhäuser und -stöcke effizient gegen die Zerstörung durch Bären mittels Elektrozäunen. Weitaus schwieriger wird es aber bei den sogenannten Wanderstöcken, zumal diese meist einzeln und verstreut in den verschiedensten Produktionsgebieten aufgestellt werden müssen. Diesbezüglich kann ich nur einen schwachen Trost deponieren: zu größeren Beschädigungen von Bienenstöcken kommt es vor allem im Frühjahr; während der Sommermonate und im Herbst sind sie wesentlich geringer.

Jeder Imker, der ein demoliertes Bienenhaus vorfindet, wird die Hände über dem Kopf zusammenschlagen und das Wort „Vandalismus" in den Mund nehmen. Der Ausspruch „Da war der Bär los!" fällt dann zu Recht. Bären aber haben einen guten Grund, so spektakulär vorzugehen. Darüber mehr unter dem Abschnitt „Bärenalltag“.

Die Reizschwelle, wie lange man diesen Tieren Lebensraum zugesteht, ist von vielen Faktoren abhängig und bei den Einheimischen der betroffenen Gebiete unterschiedlich. Aufklärung und Information sind die wichtigsten Ziele, denn sie erhöhen die Überlebenschancen von Meister Petz.

Es muß sich nicht unbedingt so verhalten, daß dort, wo die Welt der Menschen beginnt, jene der Bären endet. Ein leuchtendes Vorbild nimmt das touristisch erschlossene Bundesland Kärnten ein, in dem sich schon seit der Nachkriegszeit Bären aufhalten bzw. in den Sommermonaten durchziehen; es ist aber auch jenes Land, in dem die meisten Bären ihre festen Wohngebiete oder Reviere bezogen haben. Meiner intensiven Forschungsarbeit zufolge gab es dort 1994 drei Einstands- und zwei, höchstens vier Durchzugstiere. 1992 hatten sich indessen – zu den Einstandsbären gerechnet – mindestens acht Durchzügler im schönen Kärntnerland aufgehalten. Wanderbären in einem 9.533 Quadratkilometer großen und 528.000 Einwohner zählenden Land zu erfassen, ist zwar nicht einfach, aber vergleichsweise immer noch leichter als etwa auf Kodiak Island mit 8.975 Quadratkilometern und 3.800 Einwohnern. Sichtungen von Braunbären, Schäden und Spuren werden bei uns häufiger gemeldet, und diese Informationen lassen sich aufgrund des dichteren Verkehrsnetzes sehr rasch vor Ort überprüfen. Innerhalb von sieben Jahren gezielter Bärenforschung und einer daraus resultierenden umfangreichen Datensammlung kristallisieren sich sehr deutlich vorerst jene Bären heraus, die sich in bestimmten Bereichen ständig bemerkbar machen. Jene, die nur durchwandern und einmal da, dann wieder dort auftauchen, sind schon schwieriger zu erfassen. Diese Tiere haben noch keine festen Reviere, an die sie gewöhnt sind. Häufig handelt es sich hierbei um jüngere, zum Teil noch nicht geschlechtsreife Bären auf der Suche nach geeigneten und freien Biotopen. Interessanterweise benützen sie fast immer jahrhundertealte und bekannte Wechsel. Beobachtet man diese Routen noch intensiver, wird man sehr bald Spuren finden, die auf die Präsenz von Bären hinweisen. Wanderbären verhalten sich zwangsläufig auffälliger und verursachen auch mehr Schäden als reviertreue Artgenossen.

Im Oktober 1994 betrug der von Bären angerichtete Schaden im Land Kärnten laut Auskunft der dortigen Jägerschaft ca. 30.000 Schilling. Wenn auch nicht alle Schäden gemeldet wurden, so deutet diese geringe Summe meinen Erfahrungen nach auf ein Bärenpotential hin, welches bereits feste Reviere bezogen hat.

Die zuständigen Behörden halten über diese Population ein wachsames Auge. Ein Beamter der Kärntner Landesregierung, Abteilung Agrar, begleitet mich zumindest einmal jährlich in Bärengebiete und informiert sich sehr genau über die jeweilige Situation. Die Bevölkerung ist über das Auftreten von Braunbären zumindest nicht ersichtlich unglücklich. Jagd- und Forstbetriebsleiter, Jäger, Forstarbeiter, Landwirte und Almbewirtschafter, mit denen ich den häufigsten Kontakt habe, aber auch Tourismus-Verantwortliche, gerade rund um das Weißenseegebiet, in dem sich kontinuierlich Bären aufhalten, sind durchaus bereit, mit diesen Tieren zu leben. Zumindest ergaben dies Gespräche, die ich mit den betreffenden Leuten von 1988 bis 1994 geführt habe.

Interessant und erwähnenswert ist ein Bericht des Klagenfurter Zoologen Mag. Bernhard Gutleb, erschienen in Carinthia II, Klagenfurt 1994, Seite 203 bis 207, Zitat Seite 204, letzter Absatz: „Die Bestandsschätzung 1993 für Kärntner Bären lautet 6–9 (10) Stück, 3–5 davon in den Gailtaler und Karnischen Alpen (auch auf italienischer Seite). 3–4 (5) Tiere derzeit in anderen Teilen Kärntens."

In einer kleinformatigen Kärntner Tageszeitung vom 28. September 1994 stellte er fest, daß zu diesem Zeitpunkt in den Kärntner Wäldern mindestens fünf Bären lebten, „vermutlich sogar acht", und fügte hinzu, daß es sich bei allen Bären um männliche Tiere handle.

Entweder hat der Herr Magister eine zoologische Rarität – nämlich ein führendes Bärenmännchen – entdeckt, oder es ist ihm eine Bärin entgangen, die ein Junges führte. Das Tier wurde 1993 und 1994 gemeinsam mit dem Jungbären von mehreren Zeugen, auch von einem meiner Mitarbeiter und mir, gesichtet. Aufgrund dieser Korrektur hielten sich 1993/94 laut Gutlebs Schätzung 8–10 (12) Bären in Kärnten auf.

Ich möchte meine Feststellung nicht als Kritik verstanden wissen. Dem besten Zoologen kann etwas entgehen. Vielmehr will ich darauf hinweisen, wie wichtig eine Kooperation in Sachen Bärenforschung nötig wäre. Konkurrenzdenken nützt nämlich Menschen wie Bären nichts.

Seit mindestens sieben Jahren hält sich ein adultes Weibchen in Kärnten auf, dem ich, wie erwähnt, den Namen „Weiße-Gitsch" gegeben habe. Ihre Fährten und Spuren hinterläßt sie gut sichtbar von Zlan über die Laka bis zum Kreuzberg, umgeht die Naggleralm und taucht in der Umgebung der Hermagorer Bodenalm auf. Dann wechselt sie über den Spitzegel nach Radnig und wird in St. Lorenzen wie in Weißbriach beobachtet. Sie hat bei zwei Würfen zumindest einmal zwei Junge und einmal ein Junges in die Welt gesetzt, aber insgesamt höchstens zwei davon durchgebracht. Im Frühjahr 1989 riß sie in der Nähe des Vellacher Egels, im Gemeindegebiet Stockenboi, eine schwache Hirschkuh. Zwei Anwohner, die sich tagelang in der Nähe des Kadavers auf die Lauer gelegt hatten, bekamen sie nie zu Gesicht. Unmittelbar, nachdem die beiden wieder abgezogen waren, kam die „Weiße-Gitsch“ samt jungem Anhang und schleppte den Kadaver 30 Meter in den dichteren Wald. Erst an dieser Stelle verzehrten die Tiere den Großteil der Beute; dann drückte das Muttertier eine junge Fichte über den Rest solange nieder, bis sie mitsamt den Wurzeln aus der Erde brach und horizontal über dem Aas lag.

Damals konnte ich ein von einem erwachsenen Tier stammendes sowie wenigstens zwei durch Junge entstandene Trittsiegel vermessen. Eines von ihnen ist mit größter Wahrscheinlichkeit der heute so ausgeprägt umherziehende „Nurmi“.

Seine Mutter, die „Weiße-Gitsch“, hält sich eher unauffällig in einem Gebiet auf, mit dem sie fest verwurzelt zu sein scheint: rund um den Weißensee, wo es noch Zonen gibt, die vom Tourismus einigermaßen verschont geblieben sind.

Viele Einwohner der fünf Dorfschaften umfassenden Gemeinde Weißensee haben die Fährten der „Weiße-Gitsch“ und ihrer Jungen, die mehrmals ins besiedelte Gebiet führten, gesehen, und selbst die vom Tourismus abhängigen Hoteliers sprachen eher von einer Bereicherung denn von einem Schaden, den man der Existenz von Bären zuschreiben könnte – obwohl das Muttertier spektakulär Bienenhäuser demolierte, Schafe riß und sich am Wildbret vergriff. Auch Touristen hatten die Bären gesehen. Es ist ein seltsames Phänomen: Ausgerechnet in jenem Bundesland, das am allerlängsten von Bären „heimgesucht“ wird, ist keine einzige Absage von Feriengästen bekannt. In den Ländern Steiermark und Niederösterreich hingegen stornieren – laut Angaben einiger Bürgermeister – Gäste reihenweise ihren Urlaub.

Wildwasserrafting und Wildwasser-Schluchtengehen – eine neue Urlaubsunterhaltung, die aus Frankreich importiert wurde, immer wieder Schwerverletzte und Tote fordert (von den Schäden an der Umwelt ganz zu schweigen) – werden allerorts gefördert. Somit drängt sich die Frage „Wohin gehen wir?“ deutlicher denn je auf.

Am 6. Februar 1993 wurde „Nurmi“ von einem Jäger der Österreichischen Bundesforste im Kammerbodenwald nahe des Toplitzsees (Steiermark) gefährtet. Ungewöhnlich früh hatte er sein Winterlager verlassen. Einige Tage später, am 12. Februar, langte er an einer Wildfütterung kräftig zu. Bis zum 5. März wechselte er regelmäßig von Bad Aussee über den Flodring nach Bad Mitterndorf und wieder zurück in den Bereich des Grundlsees. Er brach in eine Bienenhütte ein, verschaffte sich zu drei abseits gelegenen Stöcken Zugang und holte sich die Larven. Einige Tage später plünderte er den letzten Stock. Zu seinem Glück verlangte er nach Tapetenwechsel und zog sich aus diesem Gebiet, in dem die Bevölkerung bereits unruhig wurde, zurück. Wie schon im

Jahr zuvor, wechselte er an einem bestimmten Übergang im Toten Gebirge nach Oberösterreich. Tag für Tag suchte ich nach seinen Fährten – und am 7. April wurde ich fündig.

Mit diesem Tag begann die zweite, wohl einzigartige Wanderung ein und desselben Bären. Die Stationen in groben Zügen: Ebensee, Großer und Kleiner Ödsee, Grünau im Almtal, Steyrlingtal, Micheldorf, Inzersdorf, zurück nach St. Pankraz, von dort über den Hengstpaß in die Steiermark nach Großreifling, Hieflau, durchs Gesäuse nach Johnsbach. Wenig später tauchte der Schelm in den Eisenerzer Alpen, im Kurzen Teichgraben, auf. Von der Reitingau bei Mautern wanderte er in die Seckauer Alpen, wo er von einem Jäger samt dessen Sohn aus kurzer Distanz bei einer Rehfütterung beobachtet wurde. Danach überquerte „Nurmi“ auf einem Wanderweg zwischen Hochreichhart und dem Seckauer Zinken das über 2000 Meter hohe Gebirge. In der Nähe von Ingering, bei Knittelfeld, verlor ich für einige Tage seine Spur. Es war der 4. Mai.

Keine Meldungen von Schadensfällen oder Sichtungen – nichts. Aber spurlos konnte er nicht verschwunden sein…

Am 12. Mai rief mich ein Mitarbeiter des ORF, Landesstudio Steiermark, aus Graz an. Ein Jäger suche mich, der einen Bären bei Frauenburg in der Nähe von Unzmarkt gesehen haben wolle. Leider meldete sich der Anrufer nicht mehr, und in der Gegend um Frauenburg wußte niemand etwas von einem Bären. Ich suchte verzweifelt nach Spuren und fand am 13. Mai, in der Nähe ums Bauernalpl, einen frisch zerlegten morschen Fichtenstamm. Da ich weder Fährten noch Losung, noch Kratz- oder andere Spuren fand, alles aber auf die Aktivitäten eines Bären schließen ließ, war dies noch immer kein Beweis für „Nurmis“ Anwesenheit und eine „offizielle“ Zuordnung daher nicht möglich.

Ich glaube aber, daß man in über zwei Jahrzehnten da draußen in freier Natur für etwas, auf das man sich spezialisiert hat, ein untrügliches Gefühl entwickelt. Zwar kann man nicht mit Gefühl allein wissenschaftliche Arbeit leisten, aber es nützt einem ungemein.

Erfahrung, Instinkt sowie ein ausgewogenes Empfinden bestärkten mich in meinem Glauben, daß ich dem Bären näher war, als es den Anschein hatte.

Ich verständigte den Bezirksjägermeister von Murau, Herrn Gottfried Siebenhofer, darüber, daß ihm möglicherweise Bärenschäden ins Haus stünden.

Am 14. Mai erzählte mir ein Jäger, den ich zufällig traf, daß ein Oberzeiringer Keuschler einen Bären gesehen habe. Noch ehe ich diesem Gerücht nachgehen konnte, stibizte „Nurmi“ am 17. Mai in Vorderschönberg zwei Hasen aus einem Verschlag. Die nächsten, leicht verfolgbaren Stationen seiner Wanderung waren St. Nikolai im Sölktal, Großsölk und Kleinsölk.

Vom 18. bis zum 22. Mai fielen „Nurmi“ in diesem Rayon unglücklicherweise neun Schafe und sieben Bienenstöcke zum Opfer. Die Medien berichteten korrekt und informierten in diesem Zusammenhang sehr sachlich über das Verhalten von Braunbären. Folge davon war, daß die Menschen keineswegs in Panik gerieten, sondern sich über zukünftige Schutzmaßnahmen Gedanken machten.

Nur zwei Tage später – ich durchstreifte eben das Gebiet Ursprungalm, Giglachalm in den Schladminger Tauern – fand ich frische Fährten und eine beachtliche Losung im Gebirgsschnee. Zwischen Graunock und Scharnock wechselte „Nurmi“ bereits am 25. Mai von der Steiermark in den Salzburger Lungau und erschreckte im Bereich Göriach, Gemeinde Mariapfarr, zwei Tourengeher. Dann machte er sich an einem Murmeltierbau zu schaffen und ließ sich von einem Schafzüchter und dessen Sohn aus nächster Nähe beobachten.

Nirgendwo hielt er sich lange auf. Rast- und ruhelos legte er Kilometer um Kilometer über Stock und Stein zurück, seinem Wanderdrang nachgebend.

Nahe der Turracher Höhe gelangte er in sein Heimatland Kärnten. Bei Flattnitz hatte er Appetit auf Schaffleisch. Bald danach wechselte er von den Gurktaler zu den Metnitzer Alpen, kam wieder zurück in die Steiermark, und ich verlor seine Spur von neuem.

In St. Georgen in Obdachegg gab „Nurmi“ sieben Tage später wieder ein Lebenszeichen von sich. Er überquerte sehr rasch die Packalpe, umging Kainach bei Voitsberg und verhielt sich auch rund um Geistthal für die Öffentlichkeit unauffällig.

Auf der Gleinalm im Bezirk Übelbach konnte sich der „Weitwanderer“ aber nicht mehr zurückhalten. Düfte von Bienenwaben luden ihn vom 21. zum 22. Juni zu erneuter Stockplünderung ein. Der Imker Franz Kicker war sehr überrascht, trug es aber letztlich mit Fassung.

Über die Autobahn zu gelangen, war für „Nurmi“ eine Kleinigkeit. Er marschierte einfach über den Gleinalmtunnel hinweg, geriet so in den Bezirk Frohnleiten und streifte in den Mayr-Melnhofschen Forsten umher. Im Pöllaugraben demolierte er eine Bienenhütte.

„Nurmi“ wußte freilich nicht, daß er im Oberforstmeister Alfred Fürst – Leiter der MM-Forstverwaltung – einen vorbildlichen Beschützer hatte, dem es am liebsten gewesen wäre, hätte er den Bären in seinem Bezirk halten können. Ich habe in ihm einen liebenswerten Bärenfreund erkannt, der zum Schutz des Frechdachses mit der Steweag, den Steirischen Wasserkraftwerken, eine außergewöhnliche Vereinbarung getroffen hatte. Sollte „Nurmi“ seinen Tatendrang in alle MM-Forste auszudehnen beabsichtigen, mußte er einen Wehrgang der Steweag überqueren. Da die geballten Wassermassen nahe des Kraftwerkes sehr reißend waren und Gefahr bestand, daß „Nurmi" ins Fanggitter getrieben wurde, aus dem es selbst für den stärksten Bären kein Entrinnen geben konnte, bedurfte er einer Ausstiegshilfe, zumal der Wehrgang betoniert und in einem schwer überwindbaren Winkel angelegt war, an dem es keinen Halt gab.

Um dem guten Tier – falls es die Absicht hatte, diesen künstlich angelegten Fluß zu übersetzen – eine Überlebenschance zu geben, installierten die Wasserwerksbetreiber auf Ersuchen des Herrn Fürst an beiden Uferseiten starke Plastikgitter, an denen sich „Nurmi" im Fall der Fälle anhalten und mühelos wieder festen Boden unter seinen Pranken gewinnen konnte. Der Herr Diplomingenieur legte geradezu vorbildlich eine Karte an, auf der peinlich genau alle Bärenbewegungen, Schäden und Beobachtungen vermerkt wurden. Mehrmals wurde „Nurmi" aus kurzen Distanzen gesehen, und es kam sogar zu Nahkonfrontationen zwischen Förster, Jagdhund und Bär. Aber stets war es „Nurmi", der sich trollte.

Die Befürchtungen des Oberforstmeisters Fürst, „Nurmi" könnte wieder abwandern, bestätigten sich bald. Mit einem Schlag war es in den MM-Wäldern wieder ruhig. Ich hingegen bekam Meldungen von Sichtungen aus den Gegenden um Gratwein, Södlingberg, Bärnbach, dann aus Unter- und Oberwald.

Um den 20. Juli erreichte „Nurmi" den Bezirk Deutschlandsberg in der Weststeiermark. Der Geruch von süßen Früchten war Grund genug für ihn, einen Kirschbaum zu erklimmen, um zu verzehren, was zu erreichen war – und um einmal anders auf sich aufmerksam zu machen. Ungeniert hinterließ er Losung und Haare, wanderte weiter nach Krottendorf und murkste an einigen Bienenhäusern herum. Das Tal der Schwarzen Sulm nicht weit von der Koralpe, Eibiswald bis hin zur Soboth waren seine nächsten Ziele.

„Nurmi" muß eine ganze Armee von Schutzengeln gehabt haben, denn auch fürderhin fand er einen weit über die Landesgrenzen hinaus bekannten Bärenfreund. Der engagierte steirische Landesjägermeisterstellvertreter Mag. Hans Kapeller schlug sich Nächte um die Ohren, zeichnete „Nurmis" Aktivitäten lückenlos auf und berichtete mir mit großer Begeisterung seine jüngsten Erfahrungen mit diesem Lausbuben. Immer wieder – vor allem dann, wenn die Bevölkerung über „Nurmis" Verhalten irritiert und verängstigt war – griff Kapeller beruhigend ein; er leistete ferner einen wesentlichen Beitrag zur objektiven Berichterstattung in den Medien.

Die Gefahr, daß „Nurmi" nach Slowenien abwandern könnte, war damals nicht von der Hand zu weisen. Die Grenze war nahe, und da es für Bären nur Grenzen in Form von geladenen Elektrozäunen, Mauern, Stahlgittern oder steil aufragenden wie senkrecht abfallenden Felsen gibt, waren solche Überlegungen durchaus berechtigt. Nur: „Nurmi“ hatte nicht im Sinn, das eventuelle Geburtsland seiner Mutter kennenzulernen. Irgend etwas hielt ihn davor zurück.

Mitte August 1993 wandte er dem Gebiet um Deutschlandsberg seinen Rücken und strebte seinem bereits dritten Winterlager im schönen Ausseer Land zu. Er zog eine deutliche Spur bis in die Großsölk und erreichte in den ersten Septemberwochen das gegen Osten hin auslaufende Dachsteinplateau, Seehöhe 1750 bis 1900 Meter, ca. 35 Quadratkilometer groß und eine von den Landwirten genutzte Sommerfrische für Schafe. An die 500 dieser Schurwollspender, hauptsächlich aus der Ramsau, aufgetrieben von oberösterreichischen und steirischen Schafzüchtern, bevölkern in Gruppen diese schöne Gegend. „Nurmis“ Nase – sein Fenster zur Welt – führte ihn gleichsam ins Paradies. Innerhalb von fünfzehn Tagen schlug er vierzehn Schafe, entnahm deren vitaminreiche Pansen samt Eingeweiden, die eiweißreichen Innereien und ein wenig Fleisch. Danach empfahl er sich – gewichtiger geworden und ausgerüstet mit mehr Speck für den Winter.

Das Innenministerium stellte einen Hubschrauber für den Abtransport der Schafkadaver zur Verfügung. Ich flog mit zwei geschädigten Züchtern ins „Katastrophengebiet“. Allen standen der Schreck und die Empörung über diesen Massenmord in den Gesichtern. Selbst der junge Offizier, der die Aluette pilotierte, schnallte sich seine Dienstpistole um, als er sich 30 Meter vom Hubschrauber entfernte, um seine Blase zu erleichtern. „Sicher ist sicher!“ meinte er. Die Schafbesitzer, fast alle auch Jäger, sprachen von einer geheimen Treibjagd und der stillen Exekution des Bären. Den in der Ramsau für den Tourismus Verantwortlichen wurde es wegen der zu erwartenden Stornierungen schwarz vor den Augen. Die Befürchtung, der Bär könnte im nächsten Jahr wiederkommen und noch mehr Schafe umbringen – der Schaden wurde übrigens von der Versicherung zur Gänze abgegolten –, schlug so hohe Wellen, daß der Verpächter der Weidegründe um sein Einkommen bangte.

Aber was Menschen meinen oder nicht meinen, berührt „Nurmi“ nicht. Er tat, was er tun mußte, um zu überleben.

Zunächst setzte er sich nach Ramsau am Dachstein ab und geriet beim Mautschranken der Dachsteinstraße in den Scheinwerferkegel eines Autos. Das sprach sich rasch herum und verursachte bei einem Landwirt wahre Alpträume. Der gute Mann vermeinte, in der Dämmerung einen Bären zu sehen, kletterte

Vogelbeeren (links oben), Berberitzen (daneben) und Hagebutten (unten) werden von Bären gerne angenommen. Sie enthalten viel Fruchtzucker, wichtige Mineralstoffe und Vitamine.

auf einen Baum und schrie um Hilfe. Zum Glück hörte ihn seine Frau, und es stellte sich heraus, daß der Bär das Pony des Nachbarn war.

„Nurmis" Fährte führte weiter von Ramsau über die Rittisau ins salzburgische Gebiet um Filzmoos. Anfang Oktober 1993, als ein Teil der Bischofsmütze abbrach, dürfte er sich nicht unweit davon aufgehalten haben. Durch die gewaltigen, in Bewegung geratenen Felsmassen kam es zu weithin spürbaren Erderschütterungen, die dem Bären höchstwahrscheinlich einen Schock versetzten. Wochenlang war er unauffindbar. Erst am 13. November meldete ein Jäger aus Radtal bei Hallstatt eine Bärenfährte. Einen Monat danach, auf den Tag genau, sah ich „Nurmi" beim letzten Büchsenlicht unweit des Grundlsees im steirischen Salzkammergut. Kugelrund und träge stand er im Schnee. Dann drei Schritte, und er fiel beinahe in Sitzstellung hin. Fünf Minuten Rast, mühsames Sicherheben, wieder einige Schritte. Das wiederholte sich, bis ich ihn wegen der rasch einfallenden Dunkelheit nicht mehr sehen konnte.

Am 13. Dezember 1993 ist er somit in jenem Bereich eingetroffen, der ihm schon zweimal als Winterquartier gedient hatte. Am Fuß des Kamperkogels, zwischen Kammerboden und Kammertret, latschte er dahin, müde von der langen Wanderung und voll Sehnsucht nach Ruhe. Vom 6. Februar bis zum 23. Dezember 1993 – jenem Tag, an dem er sich endgültig in seinen Winterbau zurückzog – hatte er, grob gerechnet, mindestens 4000 Kilometer zurückgelegt. Dabei waren ihm über fünfzig Nutztiere zum Opfer gefallen, mindestens dreißig ungeschützte Bienenstöcke zu Bruch gegangen – nicht zu vergessen die vielen Fische, die er sich gekonnt aus angelegten kleinen Teichen geholt hatte. Der Gesamtschaden (inklusive Folgeschäden), verteilt auf vier Bundesländer, von denen nur Oberösterreich gegen Bärenschäden nicht versichert ist, belief sich an die 240.000 Schilling. Vielen Menschen wird dieser Betrag hoch erscheinen, zumal sie ihn mit 16 multiplizieren werden, denn 1994 lebten 16 Braunbären in Österreich. Tatsache ist aber, daß sich nur zwanzig Prozent unserer heimischen Bären stinkfaul verhalten und sich an ungenügend gesicherten Nutztiereinrichtungen vergreifen.

Derartige Summen in Millionenhöhe werden Bärengegnern als Argument dienen, den nicht in unsere Zeit „passenden" Braunbären wieder in die ewigen Jagdgründe zu schicken. Aber abgesehen davon, daß wir durch vorbeugende Maßnahmen Schäden durch Bären auf ein Minimum senken könnten, wäre es

Oben: An heißen Sommertagen zerkauen Bären gerne das nasse Holz faulender Baumstämme. Die mit Phosphaten und Mineralien angereicherte Flüssigkeit wird geschluckt, der Rest ausgespuckt. – Unter großen Steinen, die sie dann umdrehen, erschnüffeln Bären nicht selten Würmer und proteinhaltige Insekten (unten).

durchaus denkbar, mit diesen Tieren zu leben. „Die Frage ist nur, ob wir das wollen“, meint der Ordinarius und Direktor des Institutes für Wildbiologie in Göttingen, Antal Festetics, u. a. in einem Gastkommentar in „Die Presse“ vom 19. November 1994 und fügt hinzu:

„Sollten wir ihn nicht doch sicherheitshalber ein zweites Mal ausrotten, wie das bereits vor 150 Jahren exekutiert wurde? Er bringt uns ja keinen Nutzen. Wir brauchen ihn doch nicht.

Aber wir brauchen für unsere Existenz auch Mozart nicht. Wir könnten sehr gut auch in einer Welt ohne Konzerte und ohne Wildtiere leben. Wollen wir das wirklich?“

Am 25. März 1994 organisierte der stets besonnene Bezirksjägermeister Hans Trinker aus Lengdorf bei Gröbming, Steiermark, vor dem Bezirksjägertag in Bad Mitterndorf eine außerordentliche Sitzung, an der auch der steirische Landesjägermeister Dipl.-Ing. Heinz Gach teilnahm und in der die Missetaten von „Nurmi“ zur Sprache kamen. Auch ich folgte der Einladung.

Der Herr Landesjägermeister versuchte geschickt, von veralteten Denkmustern wegzukommen, aber die „Existenzangst“ der betroffenen Ramsauer saß bereits zu tief. Ein besonders Engagierter meldete sich zu Wort und meinte: „Die Menschen vor über 200 Jahren waren nicht so dumm – die haben schon gewußt, warum sie den Braunbären die Vernichtung angesagt haben!“ Mir persönlich käme es allerdings nie in den Sinn, über die Ururväter zu urteilen, die so „weise“ waren, Monokulturen anzulegen, Kahlschläge zu produzieren und Leibeigene zu halten, denn ihre Handlungen waren für sie durchaus legitim.

Die Existenz von „Nurmi“ und anderer Bären wird davon abhängig sein, wieviel Haare von Zuchtschafen sie in Zukunft krümmen und wieviel Touristen lautstark ankündigen werden, daß sie wegen der Präsenz solcher Bestien auf ein Wiederkommen lieber verzichten. Daher sei den Bären ans Herz gelegt: Vergeßt die Schafe und macht euch unsichtbar, denn in einer nur auf Gewinn orientierten Welt ist euer Leben nichts wert!

In Niederösterreich riß der vom WWF eingebürgerte und besenderte „Djuro“ ein 300 Kilogramm schweres Jungrind. Kurz darauf fand der Schafbauer Peter Karlbauer in Furth elf gerissene Schafe auf seiner Weide. Sofort wurden diese „bestialischen Verbrechen“ dem Bären „Nurmi“ aufs Fell geschrieben, eine offizielle „Bärengipfelkonferenz“ einberufen und sein Abschuß gefordert. Der Bürgermeister von Türnitz, Schuldirektor Auer, der, um die Bevölkerung besorgt, den Stein ins Rollen gebracht hatte, meinte in der ORF-Sendung „Freizeichen“, er sei froh darüber, daß er den Abschuß gefordert habe, auch wenn er gar nicht so dafür sei. Zumindest aber habe er erreicht, daß sich der WWF endlich einmal mit den betroffenen Gemeinden in Sachen Bären auseinandersetze. Damit hatte er sich deutlich genug ausgedrückt.

Glücklicherweise hat sich später, wie bereits erwähnt, eindeutig herausgestellt, daß die elf Schafe von streunenden Hunden gerissen worden waren und ein Abschuß somit nicht zwingend erforderlich wurde.

Kurze Zeit später, am 14. Juli um 3 Uhr nachts, knackte ein Bär nahe der Basilika von Mariazell einen Hasenstall, verspeiste einen der Insassen und gab sich angeblich nächtlichen Wanderern zu erkennen. So zumindest kolportierten es die Medien.

Tatsächlich trug sich das Geschehen im acht Kilometer entfernten Halltal zu. Beim Lokalaugenschein erzählte mir die immer noch betroffene Frau Schweighofer:

„Uns ging es nicht sosehr um den Hasen, aber unser Sohn schlief mit der Nachbarstochter in dieser Nacht im Zelt, welches nahe dem Hasenstall aufgestellt war. Durch den Lärm, den das Tier beim Aufbrechen des Stalles verursachte, wurden wir aus dem Schlaf gerissen. Und in Sorge um die beiden Kinder eilte mein Mann, mit einem Messer bewaffnet, nach unten, und ich sah vom Fenster aus ein Tier wegrennen, von dem ich zuerst glaubte, es sei ein Wildschwein. Wir waren geschockt, als wir erkannten, daß es ein Bär war. Stellen Sie sich vor – nicht auszudenken, was da passieren hätte können!"

Viele Menschen werden die Ängste der Familie Schweighofer nachempfinden. Der Bär hat sich demnach äußerst gefährlich verhalten: er ist am Zelt mit den beiden Kindern vorbei zum Hasenstall gegangen. Diesen aufzubrechen, erforderte zweifellos mehr Kraft, als das Zelt aufzuschlitzen – nur hatte der Bär mit letzterem nichts im Sinn! Aber Menschen und Bären denken nun einmal grundverschieden.

Als bescheidener Bärenkenner betrachte ich es an dieser Stelle als meine Pflicht, schonungslos aufzudecken, was uns hierzulande in Zukunft mit Bären bevorstehen könnte.

In allen Bärenschutzgebieten, wie etwa auf Kodiak Island, in Teilen Alaskas, in Spanien, Italien usw., genießt Bärwild gleichsam „Vorrang", und überall dort läßt sich beobachten, wie rasch diese Tiere herausgefunden haben, daß der Mensch für sie keine Gefahr bedeutet. Zwar beweist das Verhalten der europäischen Braunbären, daß der Mensch in ihrem Beuteschema nicht registriert ist – ein Bär würde einen Menschen etliche Male wesentlich leichter zu fassen bekommen als ein freilebendes Schaf –, doch können Unfälle nicht ausgeschlossen werden. Bären sind sich ihrer Kraft durchaus bewußt, und nicht jedes Tier läuft, wenn es gerade etwas Gutes frißt oder seinen einmal eingeschlagenen Weg verfolgt, beim Auftauchen eines Menschen gleich davon. Und irgendwann einmal könnte der Fall eintreten, daß sich ein Mensch nicht richtig verhält oder irgend etwas mit untauglichen Mitteln zu verteidigen sucht. Dann wird er zwangsläufig den kürzeren ziehen, so derartige Konfrontationen nicht gar tödlich enden.

Wenn wir bereit sein sollten, diesen größten Landraubtieren der Welt eine Überlebenschance zu geben, müssen wir lernen, uns ihnen gegenüber so zu verhalten, daß wir das Unfallrisiko auf ein Minimum herabsetzen. Jeder von der Daseinsberechtigung aller Tiere Überzeugte wird mir recht geben und mein Anliegen nicht als Zumutung betrachten. Vorbeugender intensiver Schutz von Nutztieren, ergänzt durch Versicherungsregelungen, würde helfen, die Schadensfälle herabzusetzen. Auch wären die Bären dann weitgehend gezwungen, sich ihre Nahrung aus den Wäldern – und nicht aus Bretterverschlägen oder von leicht zugänglichen Weiden – zu holen.

Wir Österreicher könnten somit hinsichtlich Bärenschutz nach und nach eine Vorbildstellung einnehmen. Diese Geschöpfe Gottes verhalten sich immer den Umständen entsprechend, und sie sind überaus lernfähig. Aber nur wenn wir als gleichsam „übergeordnete“ Individuen bereit sind, ebenso zu lernen, kann es ein Miteinander geben. Unsere derzeitige Fehleinschätzung, das Verhalten des Braunbären betreffend, darf nicht gleich auslösendes Moment für Abschüsse sein.

Denn unser Land bietet entsprechend Lebensraum. Zwar sind 50 bis 100 Braunbären in Österreich ein übertrieben hochgestecktes Ziel, aber 20 bis 30 dieser Tiere könnten wir jederzeit verkraften, ohne daß unsere Existenz bedroht wäre. Weniger sollten es aber nicht sein, denn in einer zu kleinen Population würde es, zeitlich gesehen, unweigerlich zu Inzuchtdepressionen kommen. Die Jungsterblichkeitsrate stiege dann rapid an, Immunschwäche stellte sich ein, Spermienanomalien bis hin zu tatsächlichen Verhaltensstörungen einzelner Tiere wären die Folge.

Allzuleicht geraten Kleinpopulationen in Isolation, etwa dann, wenn die Zuwanderung von einwanderungswilligen Bären durch Straßen, Autobahnen usw. be- oder verhindert wird. Bedenklich stimmt auch der Umstand, daß beim derzeitigen Stand (1994) von ca. 14 bis 17 Einstandsbären in Österreich mehr als 80 Prozent männlichen Geschlechts sind.

Wie kommt es zu einem derart ungleichen Verhältnis? Die „Bezugsquelle“ von natürlich zugewanderten Braunbären ist, wie gesagt, vor allem Slowenien. Um nach Österreich zu gelangen, müssen die Tiere große Strecken zurücklegen – für männliche geradezu selbstverständlich, für Weibchen ungewöhnlich. Deshalb finden nur ganz wenige Bärendamen zu uns. Eine baldige Zusetzung von mindestens 3 bis 5 weiblichen Tieren wäre erforderlich, um den Erhalt eines gesunden Bärwildbestandes zu gewährleisten.

Ich bin der Meinung, daß Österreich für etwa 70 Bären Lebensraum und hinreichend Nahrung bietet. Nur: eine derart dichte Besiedelung scheint mir derzeit fast ausgeschlossen, denn *wir* könnten eventuell mit 30 Braunbären leben, aber 70 Bären nicht mit uns. Das Jahr 1994 hat uns sehr nachhaltig gezeigt, vor welche Probleme uns ein Bestand von 16 bis 19 Tieren stellt: eine Hysterie war die Folge, die zwei Tieren das Leben kostete. 70 Bären würden aber noch viel mehr Probleme mit sich bringen, und eine Flut von Zwangsabschüssen wäre die Folge.

Aber kehren wir zu den Vorfällen bei Mariazell zurück.

Laut Meinung der WWF-Experten war damit der Bogen überspannt. „Nurmi“ in seiner Eigenschaft als kein WWF-Projektbär wurde von ihnen als ein aus Slowenien zugewanderter Ausländer eingestuft und zum Übeltäter abgestempelt. Daraus könnte man ohneweiters eine gewisse Form von Rassismus ableiten, vor allem, wenn man weiß, daß slowenische Bären auch nur Bären sind, die sich als Folge der steten Bejagung in ihrem Heimatland dieses untypische Verhalten in Österreich gar nicht hätten leisten dürfen.

Kurzum: dieses Tier mußte erschossen oder eingefangen und in ein Gehege gebracht werden. Einen diesbezüglichen Antrag stellte die Bärenprojektleitung des WWF an die zuständigen Stellen im Bezirk Lilienfeld.

Wegen eines Bären, der sich verhält, wie sich eben ein Bär unter bestimmten Umständen verhält?

Über die Notwendigkeit dieses Antrages will ich nicht diskutieren, wohl aber über die widersprüchliche Haltung des Bärenprojektleiters Dr. Erhard Kraus, der in einem Sonderdruck der Zeitschrift „Nationalpark“ Nr. 49 (4/1985), „Meister Petz oder die Bienen?“, unter anderem folgendes schrieb:

„Ein solcher Weitwanderer“ (es betraf den aus Slowenien erstzugewanderten Ötscherbären), „der – über Kärnten und Steiermark kommend – im Jahre 1973 die niederösterreichischen Bezirke Lilienfeld und Scheibbs erreicht hat und seither (über mehr als 10 Jahre!) im Ötscher-Dürrensteingebiet seinen Einstand bezogen hat, ist nun zum konkreten Anlaßfall des NÖ. Bärenprojektes geworden. Schon mit seinem ersten Auftauchen in NÖ. ist dieser Bär in das Blickfeld von Jagd- und Naturschutzbehörden geraten, und es hat gar nicht viel gefehlt, unser einziger Braunbär hätte seinen weiteren Lebensweg in einem Schaugehege des Naturparks Ötscher-Tormäuer fristen müssen.

Ausgangspunkt war die unklare Rechtslage. Der Braunbär war damals (1973) aus einsichtigen Gründen weder im Naturschutz- noch im Jagdrecht enthalten. Seine ersten Wanderungen führten den Bären, wohl in Ermangelung entsprechender Gebiets- und Nahrungsressourcen-Kenntnis, weit umher, wobei es eine Reihe von Schafrissen gab. Von der Naturschutzbehörde wurden damals Entschädigungszahlungen prompt und auch ohne den sonst eher üblichen bürokratischen Aufwand geleistet. Und bald war auch der goldene Behörden-Kompromiß gefunden: Der Naturschutz zahlt (die Schäden), und die Jagdseite wird dafür den Bären nicht abschießen. Dieses immer noch positive Bild der Naturschutzbehörde wird aber jäh getrübt durch deren weitere ‚bärige‘ Absichten. Sie wollte nämlich allen Ernstes den Bären mittels Narkosegewehr einfangen, um ihn in einem Schaugehege des dortigen Naturparks einem staunenden Massenpublikum vorzuführen. Da aber die Betäubung wildlebender Großtiere, erst recht eines Bären, mittels Narkosegewehr nicht ganz so einfach ist (Annäherung auf etwa 30 Meter notwendig, und der Bär muß erst einmal gefunden werden …), war das Vorhaben bald zum Scheitern verurteilt.“

Dem Verantwortlichen wurde der Druck von außen zu groß, und es blieb ihm nichts anderes übrig, als zu vergessen, war er einst geschrieben hatte, sich zu beugen, um zu retten, was er noch für rettbar hielt. Denn daß Braunbären in freier Natur auf Dauer nicht unauffällig bleiben und ihr Recht – auch auf mitunter nicht ungefährliche Art – fordern, war möglicherweise nicht ernsthaft in das Projekt einkalkuliert worden.

In einem Fernsehinterview sagte der betreffende Herr beinahe vorwurfsvoll, er würde den Problembären lieber mit der Stahlschlingenfalle fangen, aber leider sei dies nach dem Jagdschutzgesetz verboten.

Herrn Dr. Kraus dürfte entgangen sein, daß es jahrelange und ausgesprochen positive Bestrebungen des WWF waren, sämtliche gefährliche Fallen zu verbieten.

Am 14. August 1994 las ich in einer österreichischen Tageszeitung einen Bericht, in dem der Bärenprojektleiter feststellte: Tier-Schausteller hätten wohl ihre lästigen Bären ausgesetzt. Und die seien, an den Menschen gewöhnt, dreist und clever. Die würden sich nie durch „duftende“ Kastenfallen übertölpeln lassen.

Auf diese Weise wird ein solches Projekt ad absurdum geführt, denn jeder Mensch, der nur ein klein wenig belesen ist, weiß, daß ein dressierter Bär durch Leckerbissen zu seinen „Kunststücken“ veranlaßt wird. Das Tier braucht sich um nichts anderes zu kümmern, als, seinen Möglichkeiten nach, das zu tun, was sein Trainer oder Schausteller zu erreichen versucht. Ein derart dressierter Braunbär wäre – einmal freigelassen – bei Hunger unfähig, sich selbst zu ernähren; er würde den Menschen um Nahrung anbetteln, ständig auf der Suche nach Freßbarem sein, auf die Dauer unerträglich werden und erst recht in eine „duftende“ Kastenfalle tappen. Denn außerhalb seiner „Arbeitszeit“ ist er es gewohnt, in einem Käfig eingesperrt seine Hauptmahlzeiten zu empfangen. Die Chance, einen Winter im Freien zu überleben, ist für einen Zirkusbären gleich Null.

Ebenso war von freigelassenen Zoobären die Rede, bei denen es sich ähnlich verhalten würde. Aber: Welche Zooverwaltung könnte sich eine solche leichtsinnige Schlamperei leisten?

Nach meinem Dafürhalten waren diese unbeweisbaren Aussagen nicht gerade glücklich gewählt, denn der Anschein, daß die Verantwortung abgeschoben werden sollte, blieb erhalten.

Sollte tatsächlich der Fall eintreten, daß sich ein Bär in einer eigens aufgestellten Falle fängt, hieße das noch lange nicht: „Jagd aus, der ‚Problembär‘ wurde unschädlich gemacht!“ Allzuleicht könnte ein anderer Artgenosse in die Falle tappen. Wieder würden Sichtungen und Schäden in der Nähe von Wohngebieten gemeldet werden, und die Hatz setzte sich solange fort, bis wir die „lästigen Biester“ endgültig los sind.

Herr Professor Dr. Wolfgang Schröder von der Wildbiologischen Gesellschaft München brachte im September 1994 in einem „Club 2“ zum Thema „Bär“ einen Vorschlag ein, den man akzeptieren müßte: Mittels Kastenfallen eingefangene Bären sollten mit einem Sender versehen und rund um die Uhr beobachtet werden. So es sich tatsächlich um ein abartiges Tier handelt, kann man es dann noch immer „aus dem Verkehr ziehen“. Schröder sprach auch sehr eindringlich von gezielter Aufklärungsarbeit und von der Gefährlichkeit des Bären, wenn sich der Mensch ihm gegenüber unbekümmert und falsch verhält.

Wenn wir den besenderten WWF-Bären „Djuro“, der im niederösterreichischen Bezirk Lilienfeld ein Kalb gerissen hat, sowie den sein Unwesen treibenden Mariazeller Land-Bären zum Anlaß für das Problem an sich nehmen, dann deshalb, weil sich wegen ihrer Aktivitäten einige unaufgeklärte Bürger, vollkommen zu Recht, an die Öffentlichkeit gewandt haben. Die Medien – unter dem Motto „Bär ist immer gut“ – berichteten umfangreich, mit vielen Bildern und den Bären gegenüber nicht unbedingt fair. Aber nicht sie, sondern die sogenannten „Fachleute“ fällten ihr Urteil: Ein „Problembär“ muß weg!

In Wahrheit gibt es in Österreich noch zwei weitere Bären, die sich ebenso verhalten, und es hat unendlich lange gedauert, bis auch gegen diese „Mistviecher“ massiv an die Öffentlichkeit gegangen wurde. Und so folgte ein Bescheid zum Zwangsabschuß dem anderen. Ich kann an diesen Tieren aber nichts Anormales entdecken, zumal wir es sind, die einer derartigen Entwicklung Vorschub leisten.

Zerstört ein Bär ein Bienenhaus oder einen Hasenstall, dringt er in eine Rehfütterung ein oder demoliert er den Futterautomaten, verwüstet er Teile eines

Maisfeldes oder stiehlt er Gänse, dann ist es unsere Umwelt, die wir bedroht fühlen. Daß wir aber diejenigen sind, die die Umwelt der Bären – und somit unsere eigene – kaputt gemacht haben, kommt uns nicht zum Bewußtsein. Deshalb kann sich die Frage nach der Nützlichkeit von Bären niemals stellen, denn dann müßten wir uns auch fragen: Wie nützlich ist der Mensch? Wir ehren die Kreatur nur dann, wenn sie uns zu Diensten ist – alles andere wird erbarmungslos umgebracht. Wir glauben allen Ernstes, daß wir als Folge unserer Entwicklung und des dadurch bedingten geistigen Levels das Wichtigste auf dieser Welt sind und daß wir alles andere, das an unserer Lebensqualität rüttelt, bedenkenlos ausschalten dürfen.

Leider sind viele jener Menschen, die irgendwann einmal, direkt oder indirekt, mit den Gepflogenheiten von Bären Bekanntschaft machen mußten, völlig unvorbereitet in diese Verunsicherung hineingeraten. Deshalb kann ich die Ängste der betroffenen Bevölkerung gut verstehen; ich will auch gar nicht die Gefahr, die vom größten Landraubtier ausgeht, verharmlosen. Braunbären können gefährlich werden, wenn sich der Mensch falsch verhält. Das können Giftschlangen, tollwütige Katzen, Füchse oder schlecht abgerichtete Hunde jedoch auch. Daß man Braunbären aber überhaupt keine Chance geben will, sehe ich nur schwer ein. Ein Bär, der grundlos Menschen angreift, gehört sofort abgeschossen; darüber brauchen wir nicht zu diskutieren. So er sich aber artgerecht verhält, könnten wir ihm wenigstens einen Teil von dem zurückgeben, das wir ihm genommen haben. Hätte jede der Organisationen oder Institutionen, die sich für die Wiederansiedlung von Braunbären einsetzen, rechtzeitig gewissenhaft Aufklärungsarbeit geleistet, Schutz vor Bären angeboten sowie die richtigen Verhaltensregeln für etwaige Begegnungen mit Braunbären gezielt verbreitet, sähe die Situation heute anders aus. Mit der Forderung nach militärischem Einsatz, nur damit ein völlig normaler Bär exekutiert wird, machen wir uns aber für den Rest der Welt lächerlich.

Tatanga Mani (Walking Buffalo) vom Stamm der Stoney-Indianer sagte:

„Vieles ist töricht an eurer sogenannten Zivilisation. Wie Verrückte lauft ihr weißen Menschen dem Geld nach, bis ihr soviel habt, daß ihr gar nicht lang genug leben könnt, um es auszugeben. Ihr plündert die Wälder, den Boden, ihr verschwendet die natürlichen Brennstoffe, tötet die Tiere, als käme nach euch keine Generation mehr, die all dies ebenfalls braucht. Die ganze Zeit redet ihr von einer besseren Welt, während ihr immer größere Bomben baut, um jene Welt, die ihr jetzt habt, zu zerstören …“

BÄRENALLTAG

Über das Verhalten von Bären zu berichten, ist ein schwieriges Unterfangen, denn wir Menschen sind außerstande, die Dinge wie die Bären zu sehen. Wir können nicht wissen, was in ihnen vorgeht und weshalb sie in vielen Fällen unterschiedlich handeln. Uns ist nur möglich, das zu dokumentieren, was wir sehen, und dabei unsere Logik einfließen zu lassen. Dazu kommen die Persönlichkeit jedes einzelnen Tieres und jene Erfahrungen, die es in seinen ersten Lebensjahren gemacht hat. Hatten die Mutter seiner Mutter, deren Großmutter usw. eine gute Kinderstube und wurde das Jungtier nicht zu früh der mütterlichen Obhut entrissen oder gar verstoßen, wird sich dies auf letzteres übertragen. Zusätzlich spielen die im späteren Leben gemachten Erfahrungen eine entscheidende Rolle.

Lassen wir uns aber nicht von „Vermenschlichungen" leiten, denn in unserem Fall will die Kinderstube aus der Sicht der Bären betrachtet werden, und das heißt: all das zu lernen, was zum Überleben wichtig ist.

Daß wir damit nicht immer einverstanden sind, ist eben unsere Betrachtungsweise und entspringt einem profitorientierten Denken, das den Bären zum Verhängnis werden könnte.

Im Leben der Braunbären gibt es ein Geheimnis, das wir bis heute noch nicht lüften konnten: die rätselhafte Winterruhe. Bären durchdösen im wahrsten Sinn des Wortes die kalten Wintermonate. Ihre Körpertemperatur fällt nicht ab. Kreislauf, Atmung und Herzschlag verringern sich gerade soweit, daß die Tiere bei Bedrohung jederzeit in der Lage sind, ihr Lager zu verteidigen. Während dieser Zeit scheiden sie auch keine Feststoffe oder Harn aus. Stoffwechselendprodukte werden – zum Unterschied von Winterschläfern, wie etwa dem Murmeltier – in einer Art Recyclingverfahren umgewandelt; Restflüssigkeit wird über die Haut ausgeschieden. Murmeltiere hingegen unterbrechen ihren Winterschlaf und suchen zum Abkoten und Harnen eigens dafür angelegte „Toilettenanlagen" auf.

Niemand vermag genau zu sagen, wann sich Bären zur Winterruhe begeben, aber daß sie sich darauf sorgfältig vorbereiten, konnte ich im Zuge einiger Freilandbeobachtungen nicht übersehen. In unseren österreichischen Alpenregionen suchen sie sich ihre Lagerplätze in 1000 bis 1700 Meter Seehöhe. Keinesfalls überwintern sie in großen Felshöhlen, wie vielfach vermutet wird; vielmehr graben sie sich, das Gelände nutzend, mit ihren kräftigen Branten ihre Baue selbst. Nachdem sie sich einen Tunnel von ca. einem Meter gegraben haben, gerade so groß, daß sie Platz haben, um ungemütlich sitzen, aber bequem liegen und sich dabei umdrehen zu können. Wurzelstrünke umgestürzter Bäume, Mulden, Überhänge und Nischen bearbeiten und erweitern sie geschickt für ihre Zwecke. Häufig, aber nicht immer richten sie die Ausgänge der Anlagen gegen Süden aus, damit der Nordwind den Schnee zur zusätzlichen Isolation darüberweht. Ich habe jedoch auch Baue gefunden, deren Eingänge direkt nach Norden oder nach Osten zeigten, aber stets tüchtig zugeweht waren.

Wenn sich die Tiere in den Monaten zuvor feistfressen konnten, dann wirken sie vor dem Einfahren (Beziehen ihrer Baue) sehr träge und nehmen oft zwei bis vier Wochen keine Nahrung mehr auf. Ihr Magen-Darm-Trakt entleert sich zur Gänze. Ich vermute aber, daß diese Tiere – nachdem ihre Eingeweide frei von Fäkalienresten sind – trockene Gräser fressen, die sie mit Fichten- oder anderen Nadelbaumharzen vermischen. Ob dies purgierend wirken soll, kann ich nicht beantworten. Daß sich aber aufgrund dieses Materials am Ende des Dickdarms ein Pfropfen bildet, der ihn verschließt, damit im Enddarm keine Ausscheidungsreize aufkommen können, bestätigen mir einige interessante Beobachtungen, denn beim Loswerden dieses Pfropfens nach der Winterruhe taten sich zumindest zwei Braunbären erheblich schwer.

Am 12. März 1989, um 8 Uhr morgens, brüllte, wie ich vermutete, die „Weiße-Gitsch“ am Fuß des Spitzegels, Kärnten, derart markerschütternd, daß ich beinah zu Tode erschrak und um ihr Leben bangte. Sehen konnte ich sie nicht, denn die mir unvergeßlichen Töne kamen aus dem Wald oberhalb der Fischeralm, und ich stand auf der etwa 200 Meter darunter liegenden Forststraße. Aus der Stille des Waldes drangen über eine halbe Stunde lang tierische, unvorstellbar wilde Laute, die mich im ersten Augenblick zum raschen Fersengeldgeben veranlassen wollten. Dann aber stellte ich mir das arme Tier vor, abgestürzt, mit offenen Knochenbrüchen auf dem noch schneebedeckten Waldboden liegend, denn nur Todesangst konnte solche Schreie hervorbringen. Die Neugierde siegte über meine Fluchtgedanken, und ich stand da, mit beiden Händen an den Ohren.

So ansatzlos dieses Gebrüll aus dem Holz kam, so urplötzlich endete es auch.

Bis 13 Uhr schlich ich zwischen Stall und Almhütte hin und her und überlegte. Um Nachschau zu halten, fehlte mir der Mut, und den Heimweg anzutreten, hielt ich für feige und meinem Forscherziel überhaupt nicht entgegenkommend.

Punkt 13 Uhr 45 ging ich festen Schritts und immer wieder laut „hallo“ rufend in jene Richtung, aus der das furchteinflößende Gebrüll gekommen war. Zwischen meinen Rufen lauschte ich angestrengt in den Wald hinein. Alles blieb ruhig. Bevor ich ins Holz eindrang, erfaßte mich noch einmal ein mulmiges Gefühl. Aber ich riß mich am Riemen, und schon stand ich mitten drin, von Fichten umgeben. Als ich die frische Fährte sah, überkam mich Jagdfieber, und ich wurde ruhig wie ein erfahrener Vorstehhund. Ich folgte den Tritten erst in die Richtung, aus der das Tier gekommen, dann in jene, in die es gegangen war. Hier war es auf seinem Hinterteil gesessen, dort hatte es sich im Schnee gewälzt und dabei eine kleine Buche umgedrückt, dann mußte es lange auf einem kleinen, mit Harnspritzern versehenen Fleck hin und her getreten sein. Ein kohlschwarzes, zwiebelähnliches Ding hob sich markant vom Schnee ab. Es war 90 Millimeter lang und hatte einen Durchmesser von 78 Millimeter. In der Apotheke von Paternion brachte es, eingehüllt in Stanniol, 68 Gramm auf die Waage und roch extrem nach Nadelbaumharz. Es war hart wie ein Tennisball. Mit der Lupe betrachtet, konnte man deutlich eine Art Grasknäuel erkennen. Ein mir bekannter Fleischermeister aus Schladming konservierte den Fund vakuumverpackt fürs Labor, aber bedauerlicherweise ging das wertvolle Stück aus unerklärlichen Gründen verloren und konnte deshalb nicht analysiert werden.

Die auf Glasplatten gezeichneten Trittsiegel identifizierten dann eindeutig die „Weiße-Gitsch“. Hält man sich den Durchmesser der Losung vor Augen, wird einem klar, daß es keine Lustschreie gewesen waren, die die Bärin beim Absetzen von sich gegeben hatte.

Analog dazu verhält sich folgende Geschichte:

Friedl Priller, Revierjäger der Bundesforste Bad Aussee, erlebte im Februar 1993 im Wald oberhalb des Toplitzsees ein ebenso langanhaltendes Brüllen, so daß er sich eiligst zu seinem Geländewagen begab und die Heimreise antrat. Nicht etwa aus Angst, wie ich ihn kenne, sondern weil diese Töne an seinen Nerven sägten. Tags darauf, als er Nachschau hielt, fand er eine kohlschwarze, harte, zwiebelähnliche Losung. Leider ließ er sie in Unkenntnis ihres wissenschaftlichen Wertes liegen. Dafür sammelte er für mich aber alle später gefundenen Kotstücke und bewahrte sie eingefroren auf. Ihm ist es auch zu verdanken, daß ich „Nurmis“ Harn einem Institut zur Auswertung übergeben konnte.

Es ist durchaus denkbar, daß auch andere Bären unter bestimmten Bedingungen ebenso reagieren wie diese beiden. Ich könnte mir aber auch ebensogut vorstellen, daß die „Weiße-Gitsch“ und „Nurmi“ ihre Erstlosung völlig problemlos absetzen. Inwieweit die Aufnahme von bestimmten Pflanzen, wie etwa dem Liliengewächs Bär- oder Bärenlauch *(Allium ursinum),* in einen kausalen Zusammenhang mit der Erweichung des Verschlußpfropfens gebracht werden kann, weiß ich noch nicht, da mir dazu die wichtigen Erstlosungsproben fehlen. Daß Bären diesen Lauch fressen, konnte ich feststellen, doch einen solchen, leicht ausscheidbaren Pfropfen zu finden, ist mir bislang versagt geblieben.

Es gibt Bären, die ihre Baue vor dem Einfahren akribisch auspolstern. Andere wieder tun das weniger sorgfältig, und einige kümmert die Ausstattung ihres winterlichen Refugiums herzlich wenig.

Das Nestmaterial wird mit dem Fang eingetragen. Alles, was warm hält, ist ihnen recht: trockenes Gras, Zweige, Laub, Farne, ja selbst Moos und Flechten habe ich gefunden. Beim Transport des Materials verlieren sie so manchen Halm und hinterlassen für das menschliche Auge, häufig schon im Schnee, verräterische Spuren, die eine in der Nähe liegende Bärenbehausung signalisieren.

Tragende Weibchen polstern ihre Unterkünfte immer wesentlich besser aus als andere Bären. Sie begeben sich auch als erste zur Ruhe, dann folgen die führenden Weibchen und jüngere Tiere. Zuletzt wintern die männlichen Zottelgesellen ein. Sie sind es auch, die als erste ihre Baue wieder verlassen; der Rest folgt in umgekehrter Reihenfolge.

Den genauen Zeitpunkt des Ausfahrens bestimmt jeder Bär für sich. Kein Mensch weiß, welche Faktoren dafür verantwortlich sind. Und es bestehen be-

Bären saugen sich Fett aus den Zehen (aus: J. Täntzern, Jagdgeheimnisse, Leipzig 1734).

rechtigte Befürchtungen, daß wir eher alle Bären vertrieben, durch Abgase vergiftet, mit Schwermetallen verseucht, erschossen oder ihnen anderswie den Garaus bereitet haben, ehe wir dieses Rätsel lösen.

Bären kommen keineswegs heißhungrig aus ihren winterlichen Quartieren; erst nach einigen Tagen, wenn sich ihr Organismus reaktiviert hat, stellt sich der Appetit ein. Sie können während ihrer Ruhepause, die zwei bis sechs Monate dauert, zwischen 20 bis 40 Prozent ihres Gewichtes verlieren. Ihr Nachholbedarf an Eiweiß ist erheblich und kommt im vielzitierten „Bärenhunger“ zum Ausdruck. Vegetarisches ist in diesen Höhen, in denen meist noch Schnee liegt, nicht aufzutreiben.

In dieser nahrungsarmen Zeit setzen sie sich auf ihren Wanderungen häufig aufs Hinterteil und nehmen die Vorder- und Hintertatzen ins Maul. Noch im 19. Jahrhundert glaubte man, daß sie sich Fett aus den Zehen saugen, um die karge Zeit besser zu überstehen. Tatsächlich aber bereiten ihnen die in der Winterruhe langgewachsenen Krallen beim Gehen Unbehagen. Sie beschäftigen sich also mit Nägelbeißen und kiefeln auch Hautteile ab, die sich von den Sohlen lösen.

Die Nase, das wohl am besten ausgebildete Organ des Bären (seine Nasenschleimhaut ist über hundertmal größer als jene des Menschen), führt ihn – wenn auch auf noch etwas geschwächten Beinen – zielsicher zu den Opfern des Winters. Fallwild nennt der Waidmann die in der kalten Jahreszeit aus Schwäche umgekommenen Rehe und Hirsche sowie die von Lawinen verschütteten Gemsen. Indem sie die größtenteils noch gefrorenen Kadaver verzehren, tragen die Bären zu deren natürlicher Entsorgung bei.

Ich konnte im Yukon die Beobachtung machen, daß sich ganz schlaue Grizzlys auf das tiefgefrorene Wildbret legten, um das Fleisch aufzutauen und es leichter fressen zu können. Diese Art von Inbesitznahme der Nahrung läßt den Bären seinen Heißhunger wahrscheinlich fürs erste überwinden. Ob man das auch auf unsere Bären umlegen kann, ist nicht gewiß.

Sind diese ersten Nahrungsquellen erschöpft, nähern sie sich mitunter nächtens Gehöften, angelockt durch den Geruch von Abfall, Hasen, Hühnern oder Enten, und werden zu geschickten Dieben. Im Freien vor dem Stall abgestelltes Schweine-, Hühner- oder Hasenfutter lädt sie geradezu zum Stibitzen ein. Bei gut aufbewahrten Nahrungsmitteln hingegen überlegen sie länger, ob sich ein kraftaufwendiger Einbruch in der Nähe von Menschen überhaupt lohnt.

In Bienenhäuser, die meist abseits von Wohnanlagen aufgestellt sind, brechen sie viel lieber ein, da sie vor Überraschungen sicherer sind und im freien Gelände besser die Flucht ergreifen können. Bienenstöcke sind überhaupt beliebte Einbruchsziele, da zahlreich vorhanden und weithin angenehm riechend.

Es ist aber nicht der Honig, dem sie angeblich wie verrückt nachstellen. Die wahren Eiweißspender sind die in den Waben eingebetteten, hoch proteinhaltigen Larven. Honig und Waben werden nicht ungern mitgefressen. Beim Zerlegen der Stöcke verfahren Bären nicht zimperlich. Haben sie diese einmal geknackt, reißen sie die Rahmen mitsamt dem Inhalt und den darauf befindlichen Bienen heraus, schleudern, so weit sie können, Holz und Waben vom Stock weg und warten, bis die darauf befindlichen Bienen zum Schutz der Königin wieder zurück zum Ausgangspunkt fliegen.

Auf eine derartige Störung reagieren die Bienen äußerst aggressiv und wegen der veränderten Lage auch verwirrt. Diese Verwirrung nützen die Bären und fressen eher unbehelligt die Brut samt den Waben aus den Rahmen. Auch wenn die Immen dem dicken Pelz der Bären mit ihren Stacheln nichts anhaben können, sind letztere an den Lefzen, der Zunge, dem Gaumen und Rachen doch einigermaßen empfindlich. Infolge ihrer schlauen Vorgangsweise bekommen sie nur ganz wenige Stiche ab, die sie allerdings manchmal mit Wutausbrüchen quittieren. Die Gelasseneren unter ihnen reagieren mit erschrecktem Murren und reiben die schmerzende Stelle, als könnten sie das Brennen wegwischen. Anschließend suchen sie nach Möglichkeit Wasserlachen oder Bachläufe auf, in denen sie die Stichstellen kühlen.

Wie schon erwähnt, schützen Imker ihre Anlagen am besten durch Elektrozäune. Ein Bär, der einmal mit einem solchen Bekannschaft gemacht hat, wird in Zukunft schon dessen Ticken scheuen. Ein Kärntner Imker jedoch, der in seinem Obstgarten ein Bienenhaus mit über hundert Völkern betreute und auf meine Empfehlung hin um das 2000 Quadratmeter große Areal einen Elektrozaun installiert hatte, staunte nicht schlecht, als dieser eines Morgens niedergetreten war. Das Bienenhaus erwies sich als unbeschädigt, aber im Garten lag ein Haufen Kot, und eine Bärenfährte war gut auszumachen.

Zunächst konnte auch ich mir nicht vorstellen, wie dieser Zaun, der noch immer unter Strom stand, hatte umgelegt werden können. Bei näherer Untersuchung stellte ich folgendes fest: Die stromführenden Bänder waren korrekt gezogen, die Stützstäbe standen in richtigen Abständen und verliefen in geraden Linien um die Obstbäume. Ein Apfelbaum allerdings befand sich außerhalb der Umzäunung, etwa 20 Zentimeter vom stromleitenden Band entfernt. Von ihm reichte ein starker Ast ca. $1\frac{1}{2}$ Meter in den Garten hinein. An dieser Stelle war ein Stützstab gebrochen und hing 15 Zentimeter am Band über dem Boden. Der bewußte Ast lag in einer Höhe von 181 Zentimetern. Deutlich sichtbare Kralleneindrücke in seinem oberen Bereich wiesen darauf hin, daß sich ein Bär turnerisch über die unangenehmen Elektrostöße hinweggehantelt hatte. Sein Interesse galt nicht dem Honig, sondern dem im Garten reichlich vorhandenen

Fallobst, von dem er Unmengen verzehrte. Ich vermute, daß ihm der Einstieg perfekt gelungen ist. Beim Rückweg aber hatte er eine ungeheure Intelligenzleistung zu vollbringen: Vor einer völlig anderen Situation stehend – der Baum nun außerhalb des gefährlichen Zaunes –, nahm er dessen Ast an, um das Hindernis zu überwinden. Dabei dürfte er die Quantität des Fallobstes, die er im Bauch mit sich trug, unterschätzt haben und rutschte, wie Krallenspuren eindeutig bewiesen, in der Mitte des Weges ab. Möglicherweise hatte er aber auch mit seinem Pürzel, dem vom Tau naß gewordenen Stummelschwanz, das stromführende Band berührt und sich vor Schreck fallen lassen. Im Anschluß daran war er direkt im Zaun gelandet und hatte ihn dabei umgedrückt. Danach muß er mit all seiner Kraft das Weite gesucht haben, denn beim Einsetzen seiner Pranken hatte er ganze Grasbüschel aus dem Erdreich gerissen. – Diese Geschichte klingt unglaublich, und dennoch entspricht sie den Tatsachen.

Ein einfaches und probates Mittel, Bären am Demolieren von Bienenstöcken zu hindern, ausprobiert in drei Frühjahrsmonaten an Wanderstöcken, ist das Urinieren um den Aufstellplatz. Ein Bär, der sich regelmäßig als Stöckezerstörer betätigte, nahm sie daraufhin nicht mehr an. Zwar trieb er sich nach wie vor in der Gegend herum, aber der für ihn möglicherweise beißend riechende, menschliche Harn hielt ihn vor neuen Untaten ab.

Einen Erfolg bei dieser Art der Vorbeugung würde ich aber nur bei Bären garantieren, die nicht sehr hungrig sind, denn ein leerer Magen läßt Hemmschwellen ins Bodenlose sinken. Außerdem kann eventuell einsetzender Regen den Uringeruch abschwächen.

In den Sommermonaten kommt es, zumindest laut Schadensmeldungen, nur selten zu Schäden an Bienenhäusern und -stöcken.

Die „Weiße-Gitsch" hat im Jahr 1993, in den Monaten Juli und August, mindestens drei entflogene Bienenvölker, die sich in hohlen Bäumen eingenistet hatten, aus diesen herausgekratzt. Auch der Bär „Fosco", der sich im Bereich der Windischen Höhe, Kreuzen und Stockenboi in Kärnten aufhält, hat mitten im Sommer die Nester von wildlebenden Bienen, Hummeln, ja sogar von Wespen ausgenommen.

Braunbären sind Einzelgänger, sobald sie aus der Führung der Mutter entlassen werden. Schwesternpärchen oder weibliche Jungtiere bleiben mitunter noch einige Zeit zusammen und dürfen sich im Revier der Mutter aufhalten. Männchen hingegen werden vertrieben, sie müssen über einige hundert Kilometer wegwandern und sich ihr eigenes Revier aufbauen. Damit schiebt die Natur einen den Inzest verhindernden Riegel vor. Sie leben dann, völlig allein, auf sich selbst gestellt und treffen nur ganz selten auf Artgenossen. Adulte Tiere suchen sorgfältig nach Habitaten, in denen sie ausreichend Nahrung,

Schutz und Ruhe finden. Sie halten sich fast ausschließlich in ihren Revieren auf. In unserem Land kommen weibliche Bären mit einer Reviergröße von 10–15 km^2 aus, männliche hingegen benötigen 25–50 km^2. Beide Geschlechter überschreiten mitunter die Reviergrenzen, bauen ihre Wohngebiete im Laufe der Jahre aus und markieren deren Grenzen. Zwar verfügen sie über keine dafür ausgebildeten Duftdrüsen, deren Sekrete sie an Blättern, Bäumen, Steinen oder Zweigen hinterlassen könnten; vielmehr sehen sie sich nach Scheuer- oder Reibbäumen um – die beinahe immer exponiert stehen – und suchen sie regelmäßig auf, um daran ihre Schultern, Flanken, Rücken, Hals, Kopf und den Bauch intensiv, ja beinahe ekstatisch zu scheuern. Dabei verlieren sie Unmengen von Haaren, und ein solcher Baum wird zur Fundgrube für Forscher, die anhand von Haaruntersuchungen vom Gesundheitszustand bis hin zu genetischen Erkenntnissen tiefe Einblicke bekommen.

Mit ihren Zähnen beißen die Bären an Stamm und Rinde, hinterlassen dabei Speichel sowie ihre ganz persönliche Duftnote. Durch Kratzen mit den hinteren Branten entstehen tiefe Längsrinnen im Boden, und mit den Krallen ihrer Vorderfüße bearbeiten sie den Stamm. Gelegentlich urinieren sie, vor allem dann, wenn diese Scheuerbäume an Stellen stehen, die starke Luftbewegungen zulassen. Treffen andere Bären im Verlauf ihrer Wanderungen auf einen dieser Scheuerbäume, so erhalten sie eine Fülle von Informationen, die Auskunft über die Kondition des Revierinhabers, sein Geschlecht, den Zeitpunkt seines letzten Besuches und vieles mehr geben. Dadurch wird das Risiko von mitunter tödlich endenden Raufereien gemindert. Aber auch revierfremde Bären hinterlassen ihrerseits Duftinformationen an denselben Bäumen und künden Artgenossen von ihrem Besuch.

Für uns Menschen ist es nicht einfach, beim bloßen Anblick eines Bären dessen Alter oder Geschlecht zu bestimmen, es sei denn, man kennt das Tier persönlich oder es handelt sich um einen Junge führenden Bären, der dann nur weiblich sein kann. Mit viel Glück konnte ich auch schon an aufgerichteten Bären das Gesäuge – die Brüste, welche bei Bärinnen, die schon einmal Junge hatten, ausgeprägter sind – erkennen. Eine sichere Methode, das Geschlecht eines Bären zu bestimmen, ist, wie erwähnt, die Untersuchung von Harn und Kot. Die Hormonausschüttung gibt darüber schlüssig Auskunft, vorausgesetzt, daß Vergleichswerte zur Verfügung stehen.

Die Größe der Trittsiegel sagt hinsichtlich des Alters der Bären nichts aus,

Oben: Mit weit geöffneten Nasenflügeln saugt der Bär Luft ein, um Witterung aufzunehmen. – Links unten: Gerne werden Gräser und Blüten abgeweidet, im Anschluß daran gibt es an übersichtlichen Stellen Mittagsrast (daneben).

denn sie leben, wie wir Menschen, auf großem, kleinerem oder kleinem Fuß. Selbst die Körpergröße, der Schädel oder der Höcker mit seinen Fettreserven geben keinen Aufschluß über das Alter. Eine exakte Altersbestimmung kann nur an toten oder betäubten Tieren vorgenommen werden, indem man ihnen einen Zahn zieht. Bei betäubten Tieren entfernt man einen verkümmerten Prämolaren (vorderer Backenzahn), der sich hinter den beiden unteren sowie oberen Fangzähnen befindet. Durch eine besondere Schleiftechnik, der dieser Zahn unterzogen wird, werden sogenannte „Jahresringe" sichtbar, an denen das Alter des Tieres festgestellt werden kann. Die Lebenserwartung unserer heimischen Braunbären liegt bei 25–30 Jahren.

Im Mai und Juni ist hohe Zeit: die Brunst- oder Paarungszeit der Braunbären. In Freiheit lebende Bären erreichen ihre Geschlechtsreife zwischen dem 3. und 5. Frühling ihres Lebens. Nimmt ein Weibchen oder Männchen die Witterung eines heterosexuellen Partners auf, dann kommt es beiderseits zur vorsichtigen Annäherung. Meist übernimmt das männliche Tier die Initiative. Nichts darf übereilt werden, denn das Weibchen ist sehr argwöhnisch und kann auf stürmische Männchen empfindlich sauer reagieren. Dann gibt es tüchtige Prankenhiebe, die zwar nicht immer ernst gemeint sind, doch dem stürmischen Werben Einhalt gebieten. Es kann Tage dauern, bis sich die beiden aneinander soweit gewöhnt haben, daß sie gemeinsam durchs Revier ziehen. Haben sie aber „Vertrauen" zueinander gewonnen, so bedeutet dies einen Schritt hin zur Fortpflanzungswilligkeit beider Tiere. Einer Kopulation steht dann nichts mehr im Weg.

Während meiner Freilandbeobachtungen hatte ich das unwahrscheinliche Glück, vier Paarungsabläufe mitzuerleben. Einen fünften beobachtete ich in einem Zoo.

1966, am 3. Juli, war ich mit Tom Saskat nahe des Ross River im freien Gelände frühmorgens unterwegs, als er mich plötzlich unsanft am Arm zurückhielt und seine Hand auf meinen Mund legte. Er drückte mich ins knorrige Gras und deutete in die vor uns liegende Richtung. Ich konnte zwei miteinander offensichtlich spielende Grizzlys ausmachen.

Tom führte mich, am Boden robbend, hinter einen Hügel, holte ein Fernrohr aus dem Rucksack, und langsam ging es den Hügel hinauf, von dem aus wir eine bessere Beobachtungsposition hatten. Er prüfte ständig den kaum spürbaren Wind. Von oben genossen wir in liegender Stellung einen guten Überblick. Die beiden Braunbären – der eine von ihnen war bedeutend größer – tollten re-

Die – hier am Hinterfuß gut sichtbare – Sohle des Braunbären ist ordentlich gepolstert und kaum behaart.

gelrecht hin und her: durch einen kleinen Wasserlauf, eine Anhöhe hinauf und wieder zurück. Allmählich beruhigten sie sich, dann besprang das größere Tier das kleinere. Die Entfernung zu ihnen betrug höchstens 250 Meter. Nach einigen Begattungsversuchen, die nur eine Minute dauerten, fiel der Bär ab und setzte sich ins Gras, während das Weibchen geduldig wartete. Er beugte seinen Kopf zwischen die Beine, und es schien, als beleckte er sein Geschlechtsteil.

Bären haben, im Vergleich zu ihrem Körperbau, kleine Genitalien. Die Männchen weisen statt eines erkennbaren Schwellkörpers einen Knochen im Penis auf, der von Gewebe, Harnröhre, Blutgefäßen und einer dünnen, hellrosa Haut umgeben ist. Untergebracht ist das Ganze in einem futterälähnlichen Schlauch aus behaarter Haut. Im dahinterliegenden Hodenbereich befindet sich ein Schwellkörper, der die Erektion ermöglicht.

Für gewöhnlich haben Bären keine Schwierigkeiten beim Kopulieren, aber in diesem Fall besprang das Männchen seine Partnerin mehrere Male, ließ sich abfallen und machte sich immer wieder an seinem Penis zu schaffen. Durchs Fernrohr konnte ich in einem günstigen Augenblick erkennen, daß es mit seinen Zähnen vorsichtig am nur wenige Zentimeter aus dem Schlauch ragenden Glied zog. Nach einigen Versuchen ragte der Penis etwa 12 bis 15 Zentimeter heraus, und die Paarung gelang. Sie dauerte über eine Stunde.

Nach dem Abfallen setzte sich das männliche Tier auf sein Hinterteil, beleckte sich wieder und schob den noch etwa 6 Zentimeter herausragenden Penisteil mit der vorderen Brante blitzschnell in das Hautfutteral zurück.

Damals bestätigte mir Tom Saskat, daß er dies auch schon beobachtet habe, aber keinen befriedigenden Schluß daraus ziehen konnte.

1974 war ich in Finnland Zeuge einer Paarung, bei der sich das Männchen ebenso verhielt und mit seinen Zähnen eindeutig am Penis zog. Bei den restlichen drei Kopulationen konnte ich das Ziehen am Penis nicht, aber das blitzschnelle Zurückschieben des Gliedes mit der Pranke nach Ende der Begattung stets feststellen.

Ich erkläre mir dieses Verhalten dadurch, daß sich der Schwellkörper allmählich füllt und der Knochen, um Halt zu finden, gleichsam einrasten muß. Ein Wissenschafter der Vergleichenden Anatomie meinte, als ich ihn darauf ansprach, daß diese Vermutung durchaus richtig sein könne.

Bären trennen sich meist unmittelbar nach der Fortpflanzung. Beide streben nach einem anderen Artgenossen, denn, wie gesagt, bei promiskuitivem Verhalten wird eine Befruchtung eher gewährleistet. Kommt es nun schlußendlich dazu, dann tritt wie beim Marder oder Reh eine Keimruhe ein, die bis in den Herbst anhält. Dadurch ist die werdende Bärenmutter den ganzen Sommer über nicht mit Schwangerschaftsproblemen belastet und bei der Futtersuche nicht behindert. Sie hat es auch nötig, denn um den Nachwuchs ernähren zu können, muß sie sich eine gut 10 Zentimeter dicke Fettschicht anfressen. Im Sommer freilich bietet sich eine derart kalorienreiche Nahrung nicht an, und die weiblichen Tiere nehmen bis Juli kaum an Gewicht zu. Beerenfrüchte und Obst hingegen, wie sie im Herbst anfallen, enthalten Zucker, der einen wesentlichen Anteil beim Aufbau des Winterspecks hat. Jahre, in denen es nur wenig Beeren gibt und das Nahrungsangebot mager ausfällt, können sich auf Bären so negativ auswirken, daß die befruchteten Eier absterben – ein natürliches Regulativ, das die Weiterentwicklung der Keime bei schlechtem Ernährungszustand des Muttertieres verhindert und dadurch ihr Fortkommen eher sichert.

Bei feisten Bärinnen pflanzt sich der Keim im Spätsommer in die Gebärmutterschleimhaut ein und entwickelt sich weiter. Nach einer Tragzeit von 210 bis 230 Tagen, mitten im Winter, kommen – in der Regel – ein bis drei Junge im vorbereiteten Bau zur Welt. Nackt, blind, ohne Zähne und völlig hilflos, mit einem Gewicht von 300 bis 400 Gramm und einer Größe von 25 bis 35 Zentimetern, suchen sie sich ihren Weg zum Gesäuge. Vermutlich ist die Mutter trotz der Winterruhe am Aufkommen ihrer Jungen nicht ganz unbeteiligt, aber das Ausmaß ihrer Aktivitäten ist mir nicht bekannt, und Rückschlüsse können ausschließlich durch Beobachtungen an Bären im Zoo gezogen werden.

Nach vier Monaten haben die Bärenjungen vier bis fünf Kilogramm an Gewicht zugelegt. Bärenmilch besteht zu einem Drittel aus purem Fett.

Die Mutter verläßt schon längst den Bau, während die Jungen zu Hause bleiben müssen; sie kehrt regelmäßig zu ihnen zurück und versorgt den Nachwuchs.

In unseren Breiten führen die Bärinnen ihren Nachwuchs im Mai/Juni zum erstenmal aus. Selbst erfahrene Muttertiere verhalten sich dabei mehr oder weniger nervös: Sie sichern in alle Richtungen und locken mit tiefen Brummtönen, während sie unruhig, mit pendelndem Kopf, hin und her gehen. Viele Minuten verstreichen, ehe das erste, neugierige oder mutigere Junge zaghaft die schützende Behausung verläßt. Schnüffelnd und alles ertastend, mit weit aufgerissenen Augen zeigen die Kleinen ihr Interesse an jedem Steinchen, Stäbchen oder Halm. Alles Bewegbare wird gedreht und gewendet. Ihre Nasenlöcher öffnen sich weit; sie saugen die neuen Düfte der näherrückenden großen Welt tief in ihre Lungen, so daß beim raschen Ausatmen die für Bären typischen Schnaublaute hörbar werden. Ihre Neugierde ist so stark, daß sie oft nicht zu wissen scheinen, wohin sie sich zuerst wenden sollen. Dieser Charakterzug wird sich erst allmählich verringern, doch werden sie ihn bis an ihr Lebensende niemals gänzlich verlieren.

Immer wieder wendet die Mutter den Jungen das Hinterteil zu und lockt sie, indem sie sich von ihnen, ständig zurückblickend, wegbewegt, ins Freie. Nur langsam – denn es gibt ja so unendlich viel zu tun! – folgen sie ihrer Mama, die sie keine Sekunde aus den Augen läßt.

Junge Bären zu beobachten, rührt jedes Herz. Das so vielzitierte „Kindchenschema" kommt bei ihnen wegen des plumpdrolligen Verhaltens besonders zur Geltung. Der für Jungtiere typische graue Pelz, die noch blaugrauen Augen sowie die weiße Halskrause vervollkommnen das Bild des von vielen Kindern so heiß geliebten Teddys. – Übrigens ist der weiße Kranz im Fell rund um den Hals keine Laune der Natur; er hilft vielmehr der Mutter, ihre Kinder bei Dämmerung besser auszumachen. Erst nach drei bis fünf Jahren verliert sich diese Zeichnung zur Gänze.

Zum Säugen ihrer Jungen legen sich die Braunbärenmütter auf den Rücken und lassen das mitunter grobe Gekrabble geduldig über sich ergehen. Auch wenn Bären außer dem Menschen und eigenen Artgenossen keine Feinde haben, sind sie in Zeiten des Führens auffällig wachsam und heben, während ihre Kleinen am Gesäuge nuckeln, häufig den Kopf, um mit dem Wind zu sichern. Solange Bärenkinder mit ihren Müttern zusammenleben – und das kann mitunter vier Jahre dauern, häufig sind es aber nur zwei –, werden sie gestillt. Bärinnen, die Junge führen, selektieren sehr geschickt ihre Weide- und Beutegebiete; sie meiden Konfrontationen mit Menschen noch mehr als sonst. Während dieser Zeit ziehen sie sich – soweit es ihnen unsere Zivilisation erlaubt – in einsamere Gebiete zurück.

Bis auf einige angeborene Verhaltensweisen erlernen Bären alles von ihrer Mutter: wann und wo sie frische Gräser finden, welche Hänge sie zu welchen Jahreszeiten aufsuchen müssen, um an die bestmögliche Nahrung zu gelangen. Durch Nachahmen lernen sie Beute zu schlagen, Fische zu fangen, Steine und Baumstämme umzudrehen, unter denen sie allerlei Insekten finden. Sie üben sich ferner im Ausgraben von Knollen und Wurzeln und erfahren, wie morsche Bäume zerlegt werden müssen, um an Schnecken, Käfer, Larven und Würmer zu gelangen. Die Mutter lehrt sie, ökonomisch zu jagen und Hungerzeiten zu überstehen, Tageslager richtig anzulegen und Winterbaue an optimalen Örtlichkeiten zu graben. Sie läßt aber auch eine gewisse Strenge walten und weist ihre Jungen nicht selten rüde zurecht, denn Folgsamkeit ist ein wichtiger Bestandteil ihrer Erziehung. Zu weites Entfernen der Jungtiere kann empfindlich geahndet werden, denn in Gegenden mit dichteren Braunbärenpopulationen lauert eine der größten Gefahren auf die Bärenjungen: sie geht von den männlichen Bären aus, mitunter sogar vom eigenen Vater.

Wie erwähnt, führen Bärinnen, je nach gegebenen Umständen – strenger und langer Winter, Nahrungsangebot –, ihre Jungen zwischen zwei und vier

Jahre: Während dieser Zeit sind sie nicht paarungswillig. Um ihre Erbanlagen weitergeben zu können, versuchen die Männchen, die Bärenkinder zu töten, denn nur dann erwacht die Paarungsbereitschaft der Bärin wieder. Dieser Faktor macht ein Ansteigen der Population schwieriger. Wohl ist die Mutter vor den Gefahren, die ihren Jungen durch männliche Bären drohen, ständig auf der Hut, doch kann sie das Äußerste nicht immer verhindern.

In der Regel kommen höchstens 50 Prozent des Nachwuchses durch.

Ist das erste Jahr einmal überstanden, steigen die Überlebenschancen erheblich. Am meisten gefährdet sind die Jungtiere von erstführenden, unerfahrenen Müttern. Diese überqueren beispielsweise Bachläufe, welche sie aufgrund ihrer Größe leicht überwinden können. Die Jungen hinter ihr aber werden von der für sie gewaltigen Strömung mitgerissen und abgetrieben.

Tom Saskat und ich haben in Kanada in einem Jahr an drei verschiedenen Stellen je ein ertrunkenes, angeschwemmtes Jungtier aufgefunden.

In den ersten Wochen, in denen die Kleinen mit ihrer Mutter unterwegs sind, hat Vorsicht Vorrang. Wird ihnen beispielsweise das Gelände zu steil, drehen sie sich um – schützen so die empfindliche Nase und die Augen vor Verletzungen – und rutschen mit dem Hinterteil voran, indem sie sich mit den kleinen, vorderen Pranken in den Boden krallen, hinunter. Sehr rasch aber haben sie ihre Motorik geschult, und da sie diese Art der Fortbewegung lieben, drehen sie sich bald um, strecken alle viere von sich und steuern, den Kopf nach vorne, geschickt über Schnee-, Laub- oder Sandhänge.

Jungtiere spielen sehr viel miteinander, tollen umher, üben das Klettern und können auf Anhieb schwimmen. Es ist die Zeit der Schule des Lebens.

Die Aggressionen eines führenden Muttertieres sind gegenüber Eindringlingen und Störungen naturgemäß erheblich verstärkt. Denn Bärenmütter sind gute Mütter: ständig wachen sie über ihren Nachwuchs, und schon die daraus resultierende Spannung trägt wesentlich zu gesteigerter Aggressivität bei. Ihre Reaktionen bei Störungen können sehr unterschiedlich sein. Bären sind keine Roboter, und ihre Verhaltensweisen hängen von der Persönlichkeit jedes einzelnen Tieres ab.

Obwohl ich mich beinahe täglich – und sehr häufig viele Wochen hindurch – in Gebieten mit Bären aufhalte, kann ich keine Angaben darüber machen, wie sich in Österreich Bärinnen verhalten, welche Jungtiere führen. Es ist mir leider nur dreimal gelungen, ein führendes Muttertier kurz zu sehen: Im September 1994 in Kärnten, bald danach im Toten Gebirge. Die erste Begegnung aber hatte ich am 14. August 1993 im Gitschtal, Kärnten, oberhalb von St. Lorenzen nahe des Mittagsnocks.

Fünf Tage später befand sich Frau Kracher, meine Mitarbeiterin, nahe derselben Stelle. Über Funk teilte sie mir mit, daß sie durch Steinschlag aus dem links von ihr befindlichen, felsigen Terrain aufgeschreckt worden sei. Dabei hatte sie flüchtende Gemsen beobachtet und zunächst geglaubt, sie selbst hätte durch ihr Eindringen die Gemsen verscheucht, und diese wieder hätten auf der Flucht den Steinschlag ausgelöst. Aber das Wild blieb nach einigen Sprüngen stehen und verhoffte (schaute) in eine Richtung, die wesentlich weiter oberhalb von Frau Kracher lag. Daraufhin legte sie sich in eine Mulde und richtete ihr Augenmerk nach oben. Plötzlich tauchte dort ein Bär auf. Aus einer Entfernung von 45 Metern sahen die beiden einige Minuten lang einander an, dann trottete das Tier langsam davon. Wenig später folgte ein etwa 25 Kilogramm schweres Junges der Spur seiner Mutter.

Mit großer Wahrscheinlichkeit handelte es sich um die gleichen Tiere, die ich einige Tage zuvor gesehen hatte.

In Norwegen traf ich im Sommer 1975 auf eine Bärin mit zwei Jährlingen (ca. ein Jahr alte Jungtiere). Ich war etwa 300 Meter von ihnen entfernt. Sie überquerten langsam und weidend eine größere Wiese. Das Muttertier konnte mich unmöglich sehen, denn sein Haupt war gesenkt, und außerdem war Mama Bär mit dem Abrupfen von Gras und Blumen beschäftigt. Abgesehen davon stand ich am Waldrand hinter einem Baum, an dem ich ein Schraubstativ anbrachte, um mein Fernrohr zu befestigen. Ich konnte sie gut beobachten, und alles schien ruhig.

Plötzlich preschte die Bärin völlig ansatzlos und aus heiterem Himmel los – genau in meine Richtung! Ich spürte mein Herz wie wild pochen. Fünfzig Meter vor mir hielt sie mit dem Laufen inne. Sie schlug, als wollte sie klatschen, ihre vorderen Branten zusammen, richtete sich auf, sog mit dem Wind Luft ein, schnaubte hörbar wieder aus und blickte sich zu ihren Jungen um. Dann fiel sie auf alle viere zurück und preschte mit gesträubtem Fell, aber angelegten Kopfhaaren wieder auf mich zu.

Ich sah mich bereits mit gebrochenem Rückgrat unter ihr liegen. Aber im nächsten Augenblick spürte ich keine Angst mehr und tat instinktiv genau das Richtige, denn ich wollte mein Leben so gut ich nur konnte verteidigen. Ich trat aus meinem Versteck hervor, nahm meinen Bergstock in die eine Hand und ging, mit den Armen rudernd und laut sprechend, der anstürmenden Bärin entgegen.

Jetzt erst konnte sie mich sehen und erst recht hören. Was dann folgte, war beinahe zum Lachen, wäre die Situation nicht so bitterernst gewesen.

Die Bärin spreizte mit tiefgehaltenem Hinterteil die vorderen Beine von sich und schlitterte, seitwärts bremsend, auf dem taunassen Gras noch einige Meter auf mich zu. Dabei entglitt ihr die Kontrolle über die sie regelrecht überholenden hinteren Pranken. Sie stieß einen Winselton aus und lag dann in voller Länge da. Als sie sich aufgerappelt hatte, trottete sie, ohne sich umzublicken, zu ihren Jungen zurück, die ihr nachgelaufen waren, und verschwand alsbald mit ihnen in einer Senke.

Dieses Beispiel zeigt uns, daß auch Bären – wenn sie überrascht werden – sehr schreckhaft reagieren können, obwohl sie Überraschungen im allgemeinen nicht lieben und sie häufig zornig beantworten. Mit Sicherheit war für diese Bärin eines äußerst ungewöhnlich gewesen: nämlich die Tatsache, daß da irgend etwas wild gestikulierend und Ton gebend auf sie zukam – ein völlig ungewohntes Ereignis, das sie wahrscheinlich noch nie zuvor erlebt hatte, denn normalerweise nimmt alles andere, das mit ihr den Lebensraum teilt, vor ihr Reißaus.

Bären sind sich ihrer Stärke bewußt, und sie bauen auch darauf. Im konkreten Fall hatte mich das Tier in den Wind bekommen und sich entschieden, auf die vermeintliche Gefahrenquelle loszustürmen und sie zu vertreiben. Daß ihr gleichsam aus dem Nichts etwas entgegentreten würde, damit hatte sie nicht gerechnet. So traf sie die zweite Entscheidung: stehenbleiben und die Lage überblicken. Taunasses Gras und ihr rasantes Bemühen, rasch zum Stillstand zu kommen, hatten diesen Plan jedoch vereitelt. Die dritte Entscheidung fällte sie in einer Phase der Hilflosigkeit: Es erschien ihr zweifellos besser, den Rückzug anzutreten, wobei sie den Eindruck völliger Entspanntheit erweckte.

1992 trug sich in den Bundesforsten Bad Aussee eine Geschichte zu, von deren Nachahmung nur dringendst abgeraten werden kann. Vom Fenster eines idyllisch gelegenen Jagdhauses aus konnte der damalige Revierpächter eine etwa 70 Schritt entfernte Rehfütterung gut beobachten. Angelockt vom Mais- und Tresterduft, suchte der damals dort umherflanierende „Nurmi" diese Einrichung auf und brach ohne viel Umstände in sie ein. Er hatte sich mittlerweile an menschlichen Geruch gewöhnt, und es störte ihn auch die unmittelbare Anwesenheit der vor das Haus getretenen Jagdgäste nicht. Die 70 Schritt Entfernung lösten kein sichtbares Anzeichen von Nervosität in ihm aus. In aller Ruhe holte er sich seine Ration und verschwand wieder. „Nurmi", ein notorischer Wiederholungstäter, kam beinahe regelmäßig, und so ergab es sich, daß man ihn per Videokamera einfing.

Aber nur so, beim Eindringen in die Fütterung und beim Fressen – das war dem „Regisseur" zu langweilig. Er suchte sich einen mutigen Freiwilligen und fand ihn in der Person des Revierjägers Hans Pressl, der in Hemd und Hose auf den Nahrung aufnehmenden Bären zuging. Zuerst reagierte „Nurmi" mit Gelassenheit. Als aber der Zweibeiner immer näher kam, beschloß er, etwas zu unternehmen. Mit einem raschen Sprung katapultierte er sich hinter dem Verschlag hervor und lief einige Schritte fauchend, die Vorderpranken drohend ausgebreitet, auf Herrn Pressl zu. Dann kehrte er wieder zur Ausgangsposition zurück und wartete mit schrägem Kopf auf das Kommende. Der Revierjäger zog sich nach dieser unmißverständlichen Attacke zurück, und auch „Nurmi“ entschloß sich, nachdem er noch einige Happen Mais verschlungen hatte, ebenfalls abzuhauen.

Er war damals soeben drei Jahre alt geworden. Bei einem erwachsenen Bären mit einem anderen Persönlichkeitsmuster hätte dieselbe Provokation ein wesentlich unangenehmeres Ende nehmen können.

Als man diese Szenen im Fernsehen – in der „Zeit im Bild“ und in einer anderen Sendung – zeigte, waren manche Menschen sehr besorgt und meinten, daß dieses Verhalten keineswegs artgerecht sein könne. Das ist völliger Unsinn, denn jeder Hund wird sich zur Wehr setzen, sollte ein Fremder versuchen, ihm seinen vollen Futternapf wegzunehmen.

Bären verteidigen ihre Beute, solange es für sie sinnvoll ist. Sie werden, während sie fressen, mitunter versuchen, Eindringlinge zu vertreiben. Es ist nicht ihre Art, auf Menschen loszugehen, um sie zu verletzen oder gar ums Leben zu bringen.

Bei meinen Freilandbeobachtungen an europäischen Braunbären konnte ich folgendes feststellen: Selbst während sie die geschlagene Beute verzehren, geraten Bären, wenn sie vom Menschen überrascht werden, in eine Konfliktsituation, die sie zwischen Verteidigung und Flucht hin und her schwanken läßt. Vielleicht spielt es auch eine Rolle, wieviel die Tiere im Augenblick des Überraschtwerdens schon von der Beute gefressen haben und bis zu welchem Grad ihr Hunger gestillt ist. Ein Bär, der soeben ein Reh gerissen hat und darangeht, es aufzubrechen, um an den Pansen zu gelangen, wird diese Beute mit mehr Nachdruck verteidigen als einer, der schon 15 Kilogramm im Bauch hat.

Europäische Braunbären sind, im Gegensatz zu ihren in Amerika lebenden Artgenossen, nacht- und dämmerungsaktiv. Ihre Unternehmungslust beginnt in den Abendstunden so gegen 19 Uhr. Zwischen 21 Uhr und 5 Uhr morgens sind sie am regsten. An heißen Sommertagen stellen sie ihre Aktivitäten zwischen 8 und ca. 10 Uhr fast zur Gänze ein und begeben sich in Tageslager, die sie bevorzugt in steilem Gelände oder im dichten Unterholz errichten. Tannenzapfen und Steine werden aus den ausgewählten Liegemulden herausgekratzt, damit während der Siesta nichts drückt. Mitunter statten sie die Mulde mit taunassen Blättern aus und legen sich darauf. Wird in den Mittagsstunden die Hitze zu groß, drehen sie sich einfach um. Dadurch wird die feucht gewordene Unterseite des Pelzes gelüftet und der Bär, während das Wasser verdunstet, gekühlt.

Wie mögen die Tiere wohl dahintergekommen sein, daß dieses ihr Verhalten eine thermoregulative Funktion ausübt?

Freilebende adulte Bären verbringen durchschnittlich 13 bis 16 Stunden mit Nahrungssuche. Während dieses Zeitraums legen sie nicht selten Strecken bis zu 40 Kilometer zurück. Dabei geht es mitunter in so steilem Gelände bergauf, daß ein kräftiger Mensch nur mühsam und auf allen vieren weiterkommen würde. Verfolgtes Bärwild kann diese Hindernisse im Laufen bewältigen. In die umgekehrte Richtung sind die Tiere ebenso geschickt und schnell; sie scheuen weder Dickicht noch am Boden liegende Baumstämme, über die sie behende balancieren, oder steile Geröllhalden, auf denen sie – mit abgespreizten Beinen und auf dem Hinterteil sitzend – wie auf Schneefeldern abrutschen.

Flüsse und Seen durchschwimmen Bären im wahrsten Sinn des Wortes spielerisch; es sieht so aus, als wären sie nie zielorientiert, zumal sie häufig die Richtung ändern, den Kopf bis über die Augen ins Wasser stecken und nach Fischen Ausschau halten. Sie können sich aufrecht, am Rücken liegend, aber auch im Schwimmstil von Hunden im Wasser fortbewegen. All das macht sie auch so kräftig, stählt ihre Muskulatur und hält sie gesund.

Nahrungssuche und Spielverhalten greifen unübersehbar ineinander. So erkunden und probieren sie auf spielerische Weise das Öffnen von Bioölkanistern, das Entriegeln einer Tür; sie handhaben funktionsgemäß mechanische Wasserüberläufe, um an aufgestauten Fischteichen den Wasserstand zu senken, da das Fischefangen bei zu hohem Wasserstand für sie beschwerlicher ist.

Wolfgang Habacher, Revierjäger und Fischteichbetreuer der Nettingsdorfer Forstverwaltung in Steyrling, meinte zwar betroffen, aber voller Hochachtung über diese intelligente Leistung:

„Ich kann mir nicht erklären, wie ein Bär imstande ist, einen Wasserüberlaufstutzen so lange hochzuheben, bis der Teich jene Wasserhöhe erreicht, in der er dann bequem die Fische erbeutet."

Der Bär hatte sich so lange herumgespielt, bis er dahintergekommen war, wie's funktioniert. Die hinterlassenen Spuren waren eindeutig. Und nachdem er das an denselben Teichen schon mehrmals getan hatte, mußte er sich die Vorgangsweise gut eingeprägt haben.

Mit einem teuren, geliehenen Nachtsichtgerät, das wie ein Helm aufzusetzen ist, beobachtete ich zwei Stunden nach Mitternacht in der Großsölk „Nurmi", wie er sich mit einer achtlos weggeworfenen Colaflasche beschäftigte. Beinahe zärtlich drehte er das Ding in alle Richtungen, leckte und beschnüffelte es, legte sich seitlich auf den Boden und hielt die Flasche nach Katzenart, mit leicht aufgelegter Brante, flach am Boden. Der noch vorhandene

Geruch nach Süßstoff veranlaßte ihn immer wieder, seine Zunge in die kleine Öffnung zu zwängen. Nach etwa zwanzig Minuten verlor er das Interesse daran und wandte sich einem Maulwurfhügel zu, den er sorgsam beschnüffelte, bevor er zwei Happen Erde fraß.

Das letztere, so sinnlos anmutende Verhalten beobachtete ich auch bei Grizzlys, und Kamtschatkabären sagt man ebenfalls nach, daß sie nach dem ausreichenden Genuß von Lachs ein Maulvoll Erde verzehren. Vielleicht als Digestif?

Ein dem Stamm der Irokesen angehörender Mohawk-Indianer namens Tekarontake sprach in einer Rede, die er auf einer Vortragsreise durch Deutschland, die Schweiz und Österreich hielt, unter anderem folgende Worte:

„Als die Erde mit all ihren Lebewesen erschaffen wurde, war es nicht die Absicht des Schöpfers, daß nur Menschen auf ihr leben sollten. Wir wurden zusammen mit unseren Brüdern und Schwestern in diese Welt gesetzt, mit denen, die vier Beine haben, mit denen, die fliegen, und mit denen, die schwimmen.

All diese Lebewesen, auch die kleinsten Gräser und die größten Bäume, bilden mit uns eine große Familie. Wir alle sind Geschwister und gleich an Wert auf dieser Erde.“

AUSZUG AUS DEM SPEISEPLAN

Zum Unterschied von Beutetieren, die ein Fuchs oder Luchs gerissen hat, sind Verletzungen nach einem Bärriß wesentlich größer und nicht durch viele kleinere Bißwunden an der Drossel (Kehle), dem Bauch und an den Läufen gekennzeichnet. So schneidet der Luchs zumeist als erstes das Fleisch am Schlegel an und trennt seine Beute nicht in Einzelteile. Er frißt auch die Innereien, läßt aber den Darmtrakt unberührt.

Bei einer vom Fuchs geschlagenen Beute fehlen die tiefen Kratzspuren. Wie der Bär, schneidet er bei seinem Opfer zuerst den Bauch an und verzehrt bevorzugt die Innereien. Fast immer trennt er das Haupt ab, verschleppt und versteckt es.

Einstandsbären, denen ein Stück Wild oder ein Nutztier zum Opfer gefallen sind, verwerten ihre Beute bis auf größere Knochen und die Decke (Fell) zur Gänze. Wanderbären hingegen kehren zu einem einmal angeschnittenen, aber nicht vollständig verzehrten Beutetier nur selten zurück.

Bären jagen ihre Beutetiere auf unterschiedliche Art und Weise. Entweder sie greifen größere Tiere, wie Hirschkälber, Rehe, Gemsen oder Schafe, mit beiden Branten von hinten und ziehen sie nieder. Prankenhiebe über Nase, Schädel, ins Genick oder das Rückgrat sind wahre Knochenbrecher, Bisse in Kopf, Hals und Schulter fügen dem Opfer schwere Verletzungen zu. Gelegentlich – und vor allem dann, wenn Schafe eng zusammengedrängt Schutz suchen – stürzen sich Bären mit ihrem ganzen Gewicht auf sie und brechen ihnen mit einem Biß den Schädel oder das Genick.

Geweihträger, wie etwa einen jungen Hirsch, stellen sie meist von vorne, sind aber stets vor deren Waffen auf der Hut. Beim Verteidigungsangriff des Schalenwildes mit tief gesenktem Haupt weicht der clevere Bär blitzschnell zur Seite aus, rammt sein Opfer im Schulterbereich und versucht, es festzuhalten und niederzuziehen. Gelingt dies nicht sofort, beginnt der Kampf von neuem. Er kann mitunter einige Stunden dauern.

Der Biß in den Hals, wie ihn etwa katzenartige Raubtiere praktizieren, erfolgt, wenn überhaupt, von unten an die Kehle. Immer wieder aber sind Bisse im Schulter- und Genickbereich festzustellen.

Die erlegte Beute wird zunächst einmal sorgfältig beschnuppert. Dann öffnet der Bär mit den Schneidezähnen die Unterseite entweder im Bauch- oder Brustbereich, um an die Innereien zu gelangen. Sie werden in der Regel zuerst gefressen. Häufig, aber nicht immer fehlt bei den Überresten von weiblichen

Tieren das Euter. Auffällig ist auch, daß Bären Kadaverteile, die sie sich herausgeschnitten haben, manchmal über einen größeren Umkreis verteilen.

Indem sie ihre Beute mit den Vorderbranten greifen, hinterlassen Bären im Lenden- und Schlegelbereich bis zu fünf lange, gleich verlaufende Kratzspuren, die mitunter in tiefen und schweren Verletzungen enden. Nicht alle, aber einige Bären decken die Kadaverreste mit allen möglichen Materialien zu; selbst Steine werden darübergerollt. Jüngere Tiere verschleppen ihre Beute, indem sie diese an einem Ohr fassen und davonzerren.

Nun aber zum Speiseplan im allgemeinen: Gleichgültig, welche Wälder ich durchstreifte, in denen sich Bären aufhielten – jedes Mal stellte sich mir dieselbe Frage: Was fressen diese Tiere, wovon leben sie eigentlich? Gewiß gibt es Monate, in denen Beeren üppig gedeihen, aber auch magere Zeiten sind nicht selten. Auch ziehen in den Flüssen unseres Landes keine Lachse periodisch durch, wie etwa in Nordamerika, Rußland oder im Norden Europas. Weder Rentier- noch Karibuherden, aus denen sie die Schwachen selektieren könnten, stehen unseren Bären zur Verfügung. Und dennoch: sie überleben nicht nur, sondern fressen sich bis hin zu den letzten Novembertagen kugelrund, um mit den Reserven die kalte Jahreszeit zu überdauern.

Bären sind – wenn es darauf ankommt – wahre Hungerkünstler; in unseren Alpenregionen freilich brauchen sie dies, wenn sie fleißig sind, nicht zu sein.

Als Ganzes betrachtet, ist ihre Nahrungspalette eine äußerst umfangreiche. Mindestens zweihundert verschiedene Grassorten werden von ihnen das Jahr über angenommen. Knospen, Halme, Baumrinde, Mais, Gerste, Weizen, Bucheckern, Blätter, Knollen, Pilze, Wurzeln, Nüsse, Samen, Blumen, Früchte, Frischfleisch, Fische, Frösche, Krebse, Amphibien, Schlangen, Eier, Mäuse, Aas, jede Art von Insekten, Larven, Schnecken, Regenwürmer, aber auch menschliche Essensreste stehen auf ihrem Speiseplan. Rund 85 Prozent ihrer Nahrung ist vegetarischen Ursprungs. Gräser müssen frisch sein, denn je frischer sie sind, um so weniger schwer verdauliche Zellulose ist in ihnen enthalten. Und sie sind nahrhaft. Bären wissen sehr genau, wo sie diese Gräser finden können. Im Frühjahr suchen sie danach an den Südhängen, da hier der Schnee rasch schmilzt und die Vegetation infolge der Sonneneinstrahlung früher einsetzt. Sind die Pflanzen an diesen Stellen ausgewachsen, wechseln sie auf die Nordseite. Später suchen sie höher gelegene Regionen auf und halten sich an Bachufer, wo sie Schößlinge finden.

Vor Beziehen des Winterlagers schlagen sich Bären die Wänste mit Bucheckern und Eicheln voll, so es diese gibt („Bärenmast"). Die kohlenhydrat- und eiweißreichen Früchte mit ihrem enormen Fettanteil tragen wesentlich zum Aufbau der notwendigen Speckschicht bei. Mit ihren vorderen, gut zum

Graben ausgebildeten Extremitäten arbeiten sich die Bären, wenn die Nahrung im oberen Erdbereich holzig und trocken wird, leicht an saftige Wurzeln oder Zwiebelgewächse heran. Nicht alle Bären, aber einige Feinspitze unter ihnen zwicken im Mai und Juni mit großer Ausdauer Fichten- und Lärchentriebe, die sogenannten „Maiwipferl", ab. Möglich, daß die darin enthaltenen Öle und andere heilwirkende Substanzen ihr Immunsystem stärken.

Auf der Suche nach Nahrung können sie unglaubliche Entfernungen zurücklegen. 15 bis 45 Kilometer in 16 Stunden sind keine Seltenheit – und das fast täglich. Bergauf, bergab, durch Schluchten und über Pässe. Sie durchschwimmen Flüsse und Seen, dringen problemlos in dichtestes Unterholz ein und bewegen sich in steilem, halsbrecherischem Gelände ebenso locker wie auf Almwiesen. Zwischendurch hat es den Anschein, als würden sie dem lieben Gott die Zeit stehlen: dann schlafen und faulenzen sie, und man merkt nichts von ihnen, so als gäbe es sie gar nicht.

Dennoch ist ihr Hauptaugenmerk stets auf Nahrungssuche ausgerichtet. Auf ihren Wanderungen drehen sie Baumstämme und Steine um. Darunter finden sie Käfer, Larven, Schnecken und eine Vielzahl von Insekten, die wichtiges tierisches Eiweiß liefern. Dabei habe ich eine interessante Beobachtung machen können: Nicht jeder Stein oder Baum wird auf den Kopf gestellt, sondern ausschließlich solche, unter denen sich wenigstens ein kleiner Käfer findet. Ich glaube, die Tiere können erschnüffeln, ob sich der Kraftaufwand lohnt oder nicht. Wir haben oft richtige „Straßen" von umgekehrten Steinen entdeckt, und mitten unter ihnen befanden sich einige, die nicht einmal angetippt worden waren. Als wir sie umdrehten, fand sich immer nur glatte Erde darunter. Kein einziges sichtbares Lebewesen, nicht einmal die Erdröhre eines Regenwurmes war auszumachen.

Braunbären haben – wie wir Menschen – nicht auf alles gleichen Appetit. So zum Beispiel suchen manche Bären Ameisenhaufen auf und machen sie, selbst wenn diese zwei Meter hoch sind, dem Erdboden gleich, um aus den tief unter den Nadeln befindlichen Nestern die Puppen zu verspeisen. Beinahe alle in Kärnten lebenden Bären lassen die Ameisen weitgehend in Ruhe, obwohl gerade in den dortigen Wäldern die Große Rote Waldameise *(Formica rufa)* – wie auch andere Ameisenarten – in erstaunlich hoher Anzahl lebt. Einige Bären im Wildalpen- und Ötschergebiet hingegen nehmen diese emsigen und für den Forst sehr nützlichen Tiere liebend gerne als Zwischenmahlzeit.

Oft fanden wir in Losungen, die wir untersucht haben, auch Chitinreste von Heuschrecken, Grillen, Mai- und Grabkäfern.

Für entflogene Bienenschwärme, selbst wenn sie ihre Nester an noch so exponierten Stellen errichtet haben, zeigen Bären eine Vorliebe; mitunter riskieren sie auch einen Sturz aus großer Höhe. Die sich im Frühjahr anbietende Mischung aus Larven und Honig ist *der* Leckerbissen schlechthin. In den mit Propolis (Kittwachs) verstopften Waben reifen die Bienenlarven heran. Sie spenden den Bären nicht nur Eiweiß und Zucker, sondern zusätzlich das in der Naturmedizin so begehrte Vorwachs für den Wabenbau, dem vielfältige Heilkraft nachgesagt wird. Es wäre durchaus denkbar, daß auch die Bären damit ihr Immunsystem stärken.

Als ich Anfang 1994 oberhalb von Radnig, Kärnten, nach Spuren der „Weiße-Gitsch“ Ausschau hielt, fand ich eine Losung, die wahrscheinlich von ihrem Nachkommen, dem (oder der) dreijährigen „Ruf“, stammte. Darin ließen sich eindeutig die Knochenreste eines Eichhörnchens feststellen. Obwohl sich Bären stets als geschickte und intelligent vorgehende Kleintierjäger erweisen, halte ich es für wahrscheinlicher, daß „Ruf“ ein verendetes Eichkätzchen gefunden und verspeist hatte.

Ein außergewöhnlicher Spezialist im Fangen von Bergwühlmäusen ist „Fosco“ aus dem Kreuzengebiet, ebenfalls in Kärnten. Er gräbt nächtens nicht weniger als 40 bis 60 Bergwühlmäuse, die ihre Gänge nicht allzu tief ziehen, aus und verzehrt sie mit weit hochgezogenen Lefzen, was ein Indiz dafür ist, daß ihm einmal so ein winziger Nager mit seinen ebenso winzigen Zähnen empfindlich in den Fang gezwickt hat. Über zweieinhalb Stunden ließ „Fosco“ sich mittels eines Nachtsichthelms bei seiner Arbeit zusehen.

Nach einem harten und schneereichen Winter finden Bären wesentlich mehr Fallwild als bei milden Wintern mit wenig Schnee. Dies läßt sie die Zeit nach der Winterruhe leichter überbrücken. In Bruchteilen von Sekunden können sie krankes Wild von gesundem unterscheiden. Kein Mensch ist in der Lage, jene winzigen Merkmale, die auf Krankheit oder Schwäche hindeuten, so rasch zu erkennen. Bären hingegen – und auch andere Raubtiere – haben dafür ein untrügliches Gespür; sie selektieren blitzschnell. Nur ganz selten schlagen Bären gesundes Wild, und auch dann nur, wenn sie es überlistet haben.

Im Giglachgebiet in den Schladminger Tauern hat im Jahre 1993 ein Bär einen Murmeltierbau dermaßen umgegraben, daß ihm wenigstens ein oder zwei der Insassen unter die Pranken fielen. 150 Meter vom Zerstörungswerk entfernt, konnte ich in einem kleinen Schneefeld Haare und Blutspuren finden.

An Haustieren werden sich Bären immer wieder vergreifen, denn sie sind eine leicht zu beschaffende Nahrungsquelle. Hasen aus ungeschützten Verschlägen zu holen, ist keine besondere Kunst. Schafe haben kaum Chancen, einem erfahrenen Bären zu entrinnen, vor allem dann nicht, wenn sie eingezäunt weiden. Bären sind keine Massenmörder. Sie suchen sich ein Tier aus und greifen es von hinten mit beiden Vorderpranken an den Flanken, oder sie stürzen sich in voller Länge auf ihr Opfer. Dabei kann es schon vorkommen, daß ein Schaf in seiner Todesangst Kräfte entwickelt, die es ihm ermöglichen, den Krallen des Bären zu entschlüpfen. Schwere Verletzungen sind die Folge. Entweder verendet das Schaf daran, oder es kann auch am Schock zugrunde gehen.

Viele Menschen sind deshalb der Meinung, Braunbären würden ihre Beutetiere absichtlich quälen, und man sollte die Schafe vor diesen „Bestien“ schützen. Dann müßte man aber auch Mäuse vor Katzen schützen, Gnus oder Antilopen vor Löffelhunden, die ihre Beute bei lebendigem Leib zu fressen beginnen, Igel, Hasen und Rehe vor den Menschen, die sie auch nicht immer gleich zu Tode fahren, sondern oft „nur“ schwer verletzen. So ein angefahrenes Wild verendet hilflos, nicht selten mit zersplitterten Knochen, abgetrenntem Lauf und inneren Verletzungen, nach tagelangem Leiden. Manche unserer Mitbürger scheinen der fixen Meinung zu sein, daß Tiere Schmerzen nicht so extrem empfinden wie wir. Im Gegenteil! Alle Geschöpfe leben in der unmittelbaren Gegenwart, nur können Tiere bei Schmerzen nicht – wie wir Menschen – auf ein linderndes Medikament oder auf einen hilfreichen Arzt hoffen.

Wie erwähnt, zählen Beerenfrüchte zu den begehrtesten und wichtigsten Bestandteilen der Braunbärnahrung, denn sie enthalten hohe Zuckeranteile – und das bedeutet Zunahme an Fett. Gedeihen diese Früchte nur spärlich, legen sie wesentlich geringere Fettreserven an, wie ich an heimischen Tieren immer wieder beobachten konnte. Fast alle ungiftigen Beeren sind ihnen recht; sie pflücken Himbeeren und Brombeeren mit einer Fertigkeit von den Sträuchern, die man ihnen gar nicht zutraut. Auch der stachelbewehrte Berberitzenstrauch *(Berberis vulgaris)* mit seinen sauren Fruchtbeeren wird von Bären abgeriffelt. Selbst die Vogelbeere *(Sorbus aucuparia)* steht auf ihrem Speiseplan, und wenn einmal ein mageres Beerenjahr ist, fressen sie sogar die robusteren Beeren des Wacholderstrauches *(Juniperus communis)*. Dann hinterlassen sie intensiv duftende, einen halben Meter im Durchmesser große, beinah kreisrunde Kothaufen. Ansonsten setzt der Bär Kotwürste ab, mit Durchmessern von 3 bis zu 6 Zentimetern. Dunkle Farbe deutet auf den Genuß von fleischlicher Nahrung hin, und da die Verdauung der Bären keine sehr effektive ist, sind vor allem immer pflanzliche Nahrungsbestandteile, die zwischendurch genommen wurden, selbst mit freiem Auge gut zu erkennen. Nach dem Genuß von Beerenfrüchten lassen sich Schalen- und Kernreste feststellen. Auch der Geruch der Losung vermag darüber Auskunft zu geben, was der Bär gefressen hat. Nach dem Verzehr von Bienenwaben oder Himbeeren, Trester und eben Wacholder sind die Düfte eindeutig.

In unseren Breiten ist es einem Bären bei guten Wind- und ebenen Bodenverhältnissen ohneweiters möglich, ein brünstiges Weibchen auf eine Entfernung von 20 bis 40 Kilometern zu wittern. Beerenfrüchte erschnüffelt seine Nase – bei den gleichen Bedingungen – auf doppelte Distanz.

Zwei unserer zugewanderten Bären sind ausgesprochene Fischliebhaber. Man sagt ihnen nicht nur nach, daß sie zu tiefe Fischteiche einfach ablassen, wenn sich eine Möglichkeit dazu bietet – sie tun es tatsächlich! Im tiefen Wasser können sie der Fische nicht so leicht habhaft werden, und da es bei uns keine dicht ziehenden Lachse gibt, die den Bären mitunter in die Fänge springen, müssen sie erfinderisch werden und den Wasserstand senken. Dann haben sie aber noch immer kein leichtes Spiel, denn so ein schlüpfriges Schuppentier ist schnell und nicht leicht zu fassen. Mit den krallenbewehrten Pranken können Bären nur Fische, die sich an der Wasseroberfläche bewegen, ans Ufer schleudern. Wenn sie aber einen zwischen ihre Zähne bekommen haben, wobei sie den Kopf bis über die Augen unter Wasser tauchen, dann lassen sie nicht mehr locker. Die dabei hinterlassenen Spuren sind eindeutig: abgesehen von den Trittsiegeln ziert so manch übriggebliebener Fischkopf das Teichufer und läßt an der Identität des Diebes keine Zweifel aufkommen.

Der Besitzer eines Forellenteiches in der Nähe von Deutschlandsberg fand einmal neben seinem Gewässer zehn tote Fische im Gras und vermutete die Missetat eines Bären. Dem halte ich entgegen, daß europäische Braunbären zwar soviel fressen können, daß sie beinahe unfähig werden, sich zu bewegen, daß sie aber niemals Fische auf Vorrat fangen und sie dann gemütlich verspeisen. Es kann höchstens vorkommen, daß sie den letzten nicht mehr ganz hinunterbringen und angebissene Teile von ihm liegen lassen.

Ich habe schon beobachtet, daß Bären in Vorratskammern einbrechen und das in Kübeln vorbereitete Mischfutter maulweise auf einen Haufen im Freien zusammentragen. Dies hat seinen Grund wohl darin, daß sich die Tiere in geschlossenen Räumen nicht sicher fühlen. Oft schleppen sie aus Rehfütterungen ganze Maissäcke heraus und verzehren sie hundert Meter weiter. Die intensive menschliche Witterung warnt sie vor etwaigen Konfrontationen und dem Ertapptwerden. Und welches Tier hat beim Fressen nicht gern seine Ruhe?

Aus einem Vorratsraum der Hermagorer Bodenalm-Stallung sowie aus dem Geräteschuppen einer 200 Meter höher gelegenen Jagdhütte stahl ein Bär 1992 innerhalb weniger Tage fünf 25-kg-Säcke mit Äpfeln. Er schleppte seine Beute über hundert Meter in den Wald, um sie dort zu verspeisen. Sandra, die Tochter

Nachdem ihm die Kopulation nicht gleich gelungen ist, zieht dieser Bär den Penis mit den Mahlzähnen vorsichtig aus dem Schaft, bis ihn der dahinter liegende Schwellkörper fixiert.

des Almbewirtschafterpaares Bidner-Zobernig, fand lediglich die zerrissenen Säcke und einen unglaublich riesigen Kothaufen.

Gerissene Beutetiere, die sie nicht zur Gänze auffressen können, decken die Bären mit Laub, Ästen oder Gras zu, um sie vor konkurrierenden Artgenossen zu schützen. Manchmal rollen sie auch große Steine darüber oder scharren Erdreich darauf. An Ideen mangelt es diesen Tieren jedenfalls nicht.

Ein Jagdpächter der Steirischen Bundesforste hatte einmal eine verendete Kuh mit einem Traktor in ein Bärenhabitat bringen lassen. (Ich rate von solchen „Zusatzfütterungen“ dringend ab, denn erstens besteht keine Notwendigkeit dazu, und zweitens fördern sie den Gewöhnungseffekt.) Nach einer Weile wurde der Kadaver vom Bären angenommen und nach und nach zur Gänze aufgefressen. Von sich aus würde ein Bär eine so große Beute niemals schlagen. Offensichtlich geht eine ausgewachsene Kuh über sein Beuteschema hinaus, ein junger Hirsch hingegen dürfte die obere Größengrenze sein.

Zwar habe ich von einem Fall gehört, der über 25 Jahre zurückliegen soll und in dem ein Bär ein ausgewachsenes Pferd gerissen hat. Es gibt sogenannte „Schlagbären“, die sich unentwegt und sinnlos Beute niederziehen und ungeheuren Schaden anrichten können, da sie nicht imstande sind, ihre Aktionen einzustellen. Dieses Verhalten entspricht nicht der Norm, und deshalb gehören solche Außenseiter abgeschossen. Es kommt aber auch vor, daß sich Tiere, die in ein fremdes Gebiet eingewechselt sind, dort nicht gleich zurechtfinden und vorübergehend zu Schlagbären werden, da sie sich auf alles Freßbare stürzen. Aber schon nach kurzer Akklimatisation ist dieses tödliche Spiel zu Ende.

Der Großteil unserer Bären fällt von Ende Mai bis Mitte September nicht negativ auf. Sie decken ihren Nahrungsbedarf vorwiegend mit vegetarischer Kost ab, beginnen zur Zeit der Löwenzahnreife die zellulosearmen Schößlinge abzurupfen und weiden in der Folge – wie Kühe – die gelben Blütenkörbchen, die milchsaftführenden Hohlstengel sowie die vitaminreichen Blätter ab. Der Gemeine Löwenzahn *(Taraxacum officinale)* wird in der Heilkunde als harntreibendes Blutreinigungsmittel sowie zur Behandlung von Gicht und rheumatischen Beschwerden verwendet.

In der ersten Maiwoche 1994 rief mich ein Bewohner des idyllischen steirischen Ortes Wildalpen an und meinte ganz aufgeregt:

„Hör'n S', Herr Sorger, im Schneckengrobm is a Bär, der is plemplem, der frißt wia a Kuah auf da Wiesn s Gros ob. Ned amoi vatreibn hod er sie losn. Erst wie ana an Schweizerkrocha ghoid und olossn hod, is a gaungan.“

Der Penis des Bären ist im Vergleich zu dessen Körpergröße sehr klein.

Am darauffolgenden Muttertagssonntag bestätigte mir Herr Leichtfried, dem ein Bär zwei Wochen zuvor an seinem Haus eine Kellerfensterscheibe eingedrückt und zwölf Kilogramm Äpfel gestohlen hatte, die Geschichte. Meister Petz hatte in der Nähe seines Anwesens auf einer Wiese Gras gefressen und war dabei von mehreren Leuten bestaunt worden.

Bären eignen sich, so es die Umstände zulassen, jede Art von freßbarem Abfall und menschliche Essensreste an. Vom Geruch angelockt, drehen sie jeden Mistkübel, jede Mülltone um und „entsorgen" den Inhalt von Genießbarem. Es wird ihnen leicht gemacht, und unsere Bequemlichkeit ist sehr viel schuld daran, daß sie ihre Scheu verlieren. In den späten Abendstunden, bei Nacht bis hin zum Morgengrauen, treiben sie sich am Rand von Siedlungsgebieten umher. Dann werden sie von Passanten gesehen, die in Angst geraten, ihr Erlebnis lauthals verkünden und bei jeder Wiederholung die Distanz zum „Bärenmonster" immer geringer und das Tier immer voluminöser erscheinen lassen. Wenn dies nur ein- oder zweimal vorkommt, gerät der Vorfall rasch wieder in Vergessenheit. Ist diese Unart aber einem Bären einmal zur Gewohnheit geworden, wird es problematisch. Selbst dann, wenn es sich um ein äußerst gutmütiges Tier handelt und die Schuld an seinem Treiben menschlicher Achtlosigkeit zuzuschreiben ist, wird die Gefahr, in die sich der Bär begibt, für ihn lebensgefährlich.

„ANS SCHIESSEN DACHTE ICH KEINE SEKUNDE…“

Ich verstehe die Sorgen jener, die betroffen sind. Ich verstehe auch, daß sie sich schon durch die Existenz eines Bären derart bedroht fühlen, daß sie die Forderung nach seiner Eliminierung als gerechtfertigt empfinden.

Wenn aber Hunderte von Kindern bei Autounfällen verletzt werden oder gar zu Tode kommen, wird niemandem einfallen, deswegen die Verschrottung auch nur eines einzigen PKW zu verlangen. Ich weiß, daß das auf ein ganz anderes Blatt Papier gehört, aber es sei mir gewährt, einen Denkanstoß zu geben: Haben wir denn die Orientierung schon soweit verloren, und sind wir nicht mehr in der Lage, zu erkennen, daß der Wert eines Menschenlebens, gleichgültig, wodurch es ausgelöscht wird, stets derselbe bleibt?

Daß ich die Forderung nach dem Abschuß eines „Gewohnheitstäters“ jederzeit unterschreiben würde, stelle ich schon deshalb nicht in Frage, da er, unter besonderen Umständen, auch dem Menschen gefährlich werden und sich sein schlechter Ruf auch auf die anderen, sich „artig“ verhaltenden Bären übertragen könnte, wodurch er ihnen mehr schaden als nutzen würde.

Es ist aber gar nicht so einfach, gerade den Schuldigen zu erlegen, denn erstens muß man ihn finden und, zweitens, mit dem richtigen Kaliber an der richtigen Stelle treffen. Angeschossene Bären können nämlich zu einer nicht zu unterschätzenden Gefahr werden.

Wohl ziehen sich angeschossene Tiere meist rasch in schützendes Unterholz zurück; kommt man ihnen aber dann zu nahe, brauche ich den Ausgang einer derartigen Konfrontation wohl nicht näher zu erläutern.

Ich beneide den zuständigen Bezirkshauptmann, der letztendlich die Verantwortung für eine Zwangsabschußgenehmigung trägt, absolut nicht, denn sämtliche europäischen Naturschutzorganisationen werden unisono mit den Medien den konkreten Fall genau überprüft wissen wollen. Militante Tierschützer werden auf ihre bekannte Weise vorgehen, denn Bären zählen nach dem Berner Artenschutzabkommen, das auch von Österreich unterzeichnet wurde, nicht zum Eigentum jenes Staates, in dem sie sich gerade aufhalten. Da es sich bei ihnen um eine vom Aussterben bedrohte Tierart handelt, kann praktisch jeder Mensch, egal, welcher Provenienz, Anspruch auf sie erheben. Würde also ein Bär, den man zwar öfter als andere zu Gesicht bekommen, der Hasen und Gänse gestohlen, aber nie jemanden angegriffen oder Anzeichen von Aggressivität gezeigt hat, einfach abgeschossen werden, wäre es ein schwieriges Unterfangen, dies der Öffentlichkeit so plausibel zu erklären, daß sich der daraus erwachsende Schaden gering hält.

Der wegen des Mariazeller „Problembären“ zu einer Entscheidung gezwungene Bezirkshauptmann HR Dr. Jörg Hofreiter in Bruck an der Mur erklärte am 17. August 1994: „Für mich stellt sich die Frage nach der Freigabe eines Abschusses erst dann, wenn dieses Tier sich aggressiv und wirklich artfremd verhält. Ich stelle mich prinzipiell gegen das geforderte Einfangen mit der Stahlschlingenfalle, weil dadurch unnötige Qualen verursacht würden. Die angeordnete Aufstellung von Kastenfallen in Nähe von betroffenen Einrichtungen halte ich nicht nur für legitim, sondern sie ist zum Schutz des Gutes der Bevölkerung und eventuell auftretenden schwerwiegenderen Folgen erforderlich. Ich kann mir vorstellen, daß ein derart gefangenes Tier in ein anderes Land ausgesiedelt wird.“

Eine weise und Chancen eröffnende Entscheidung.

Fachleute und Behörden wußten längst, daß es sich bei sogenannten „Problembären“ keineswegs um artfremde oder verhaltensgestörte Tiere handelt. Es waren eben Bären, die uns Menschen Probleme bereiteten, da sie nicht in den ihnen zugedachten Territorien verweilten und sich mitunter auch in der Nähe von Siedlungen ihre Nahrung holten.

Die WWF-Bärenprojektleitung wurde mit Vorwürfen betoniert und reagierte konfus. Sie baute ihre Verteidigung darauf auf, daß es sich bei den „Problembären“ nicht um ihre Projektbären, sondern um zugewanderte oder gar freigelassene Tiere handle. Diese Rechtfertigung kam aber nicht gut an.

An dieser Stelle hoffe ich, etwas klarstellen zu können, was längst klargestellt hätte werden müssen: Nicht der WWF allein ist für Bären in Österreich verantwortlich, sondern wir alle.

Es war eine politische und gute Entscheidung der betreffenden österreichischen Stellen, 1983 das Berner Artenschutzabkommen mit zu unterzeichnen. Darin hat sich die Republik unter anderem verpflichtet, den *Ursus arctos* besonders zu schützen. Der Bund, die Länder und wir Bürger haben einen Beitrag dazu zu leisten, daß wir den Bären nicht nur Lebensraum gewähren, sondern in den von ihnen betroffenen Gebieten auch für guten Objektschutz sorgen. Ich habe schon ausführlich darauf hingewiesen, daß „Problembären“ die Folgen menschlicher Fehler sind. Durch vorbeugende Maßnahmen könnten nicht nur Schäden verhindert, sondern auch respektlos-diebische Bären in ihre Schranken gewiesen werden.

Wenn ich das aus meinem Verständnis für Bären resultierende Plünder- und Schlagverhalten für völlig normal gehalten habe und halte, so stellt meine persönliche Beziehung zum Bären „Nurmi“ ein schwerwiegendes und vielleicht auch nicht ungefährliches Detail dar, indem ich meine schützende Hand länger über ihn halten könnte als bei anderen, ähnlich agierenden Artgenossen.

Glücklicherweise ist meine Einstellung frei von Fanatismus. Ich stimmte am 15. September 1994 in einem Gespräch mit Herrn RR Oberforstrat Dipl.-Ing. Hans Stieglbauer von der Bezirkshauptmannschaft Kirchdorf an der Krems einer Eliminierung des in Steinbach am Ziehberg Schafe und Hasen stehlenden „Nurmi“ zu. Eliminieren heißt laut Fremdwörterbuch: „Aus einem größeren Komplex herauslösen und auf diese Weise beseitigen; unwirksam werden lassen.“

Alle Möglichkeiten, das Tier am Leben zu erhalten, wurden durchdiskutiert, und das Einfangen des Bären stand als erstes zur Debatte. Doch damit wäre nichts getan gewesen, denn wer würde einen Bären mit einem derartigen Leumund aufnehmen wollen?

Die Landesregierung von Kärnten lehnte verständlicherweise ab.

Der WWF war sofort bereit, Fallen zum Fang des „Problembären“ aufzustellen, wußte aber auch nicht, wohin mit ihm.

In einem ausführlichen Gespräch mit Herrn Bezirkshauptmann HR Dr. Spelitz stellte sich heraus, daß kein rettender Halm nahe genug war, der an einem Zwangsabschuß vorbeigeführt hätte.

Ich warnte ausdrücklich vor einem Fehlschuß und den eventuell gefährlichen Folgen, die sich aus einem in Bedrängnis geratenen, angeschossenen Bären ergeben konnten. Außerdem wußte ich über das Verhalten dieses Bären mehr als der Bezirkshauptmann (einige der Untaten, die „Nurmi“ begangen hatte, konnten nämlich wegen der Tierliebe der Betroffenen der Öffentlichkeit vorenthalten werden). Somit war ich nicht in der Lage – selbst wenn ich von „Nurmis“ Harmlosigkeit Menschen gegenüber noch so überzeugt war –, auch nur irgend etwas zu finden, das aus der Sicht von Herrn Dr. Spelitz gegen einen Abschuß gesprochen hätte. Die Sicherheit der Bevölkerung hat für jeden Bezirkshauptmann Vorrang.

Ich glaube, daß er sich diese Entscheidung nicht leicht gemacht hat.

Trotz aller einleuchtenden Begründungen kamen mir arge Bedenken, als schon am 10. September 1994 der Tischlermeister Hans Georg Bauer aus dem niederösterreichischen Pitten einen 180 Kilogramm schweren, männlichen Braunbären unter kuriosen Umständen erlegte. Wie aus dem von Experten erstellten Schußprotokoll eindeutig hervorgeht, äußerten sie Verständnis für das Verhalten des Schützen. Auch ich habe Verständnis dafür, dennoch sehe ich den Abschuß ein wenig anders, zumal der gesamte Vorgang von mindestens drei glücklichen Fügungen geprägt war.

Der erwähnte Tischlermeister, Jäger mit 20jähriger Erfahrung, sichtete nach eigenen Angaben am besagten 10. September, gegen 7 Uhr 30, im Waldrevier Greith/Hochleiten im Raum Mariazell einen Bären. Die von ihm geschätzte Entfernung betrug 70 bis 80 Meter. Das Tier ging direkt auf ihn zu; der mutige Jägersmann blieb eiskalt stehen und harrte der Dinge, die da kommten sollten.

Um im Gehen eine Strecke von 70 Metern zu überwinden, benötigt ein Braunbär etwa eineinviertel Minuten. Die Sekunden müssen für den sich – seiner Meinung nach – in „Lebensgefahr" befindlichen Waidmann zu 75 Ewigkeiten geworden sein, in denen er sogar versuchte, das Tier durch Rufe und Händerudern zu verscheuchen. Dem Bären aus dem Weg zu gehen, wie dies schon in Kinderbüchern beschrieben wird, fiel dem wackeren Mann freilich nicht ein. So ließ er eine Minute verstreichen, riß erst im letzten Augenblick sein Gewehr von der Schulter, entsicherte, schoß, wie er es selbst darstellte, um sein Leben und brachte aus einer Entfernung von etwa zehn Metern einen Tausend-Gulden-Schuß an: zwischen die Lichter (Augen), mitten ins Gehirn.

Daß der Bär tatsächlich aus dieser Distanz erlegt wurde, ist dem Schußprotokoll zu entnehmen.

Die WWF-Bärenprojektleitung stellte sich aufgrund der Vorfälle mit „Problembären" und des Drucks der Einheimischen, die die Eliminierung solcher Tiere fordern, auf seiten des „Bärentöters". Glückliche Fügung Nummer *eins* für die bedrängte Bärenprojektleitung: ein Problembär weniger.

Die Einstellung des WWF und der Bevölkerung im Kopf – glückliche Fügung Nummer *zwei* – ließ den Jäger seinerseits standhaft bleiben, den Bären an sich herankommen lassen und dann – Fügung Nummer *drei* – den für ihn lebensrettenden, für das Tier allerdings tödlichen Abzug betätigen. Dieses Vorgehen kann ich nicht einmal unter Zudrücken beider Augen als Notwehr bezeichnen, und deshalb darf es auch nicht, wie ich meine, als solche ausgelegt werden. Ich kann mir lediglich vorstellen, daß sich Herr Hans Georg Bauer selbst in eine Notsitutation hineinmanövriert hat, indem er beharrlich stehen blieb. Was tatsächlich geschehen ist, weiß ausschließlich der Jäger selbst, und wir sind nur in der Lage, aus seinen Aussagen Rückschlüsse zu ziehen.

Wenn ein Bär einem Menschen gegenüber wirklich aggressiv wird, nützt er meist jede nur erdenkliche Deckung, um an den vermeintlichen Feind oder an die Beute nahe genug heranzukommen und dann rasch anzugreifen. In einer derartigen Situtation, würde ich sagen, könnte kein Jäger einen solchen Schuß abfeuern, da er nicht mehr imstande wäre, seine Waffe in Anschlag zu bringen.

Dieser Meinung schließt sich auch der aus Radnig im Kärntner Gitschtal stammende Jäger Ewald Ressi an: „Als ich im Frühjahr 1992, gänzlich unvorbereitet, einem Bären ungefähr 8 bis 10 Meter gegenüberstand, hätte ich, wäre ich von ihm angegriffen worden, keine Chance gehabt, mein mitgeführtes Gewehr in Anschlag zu bringen. Ich dachte auch gar nicht daran, auf das Tier zu schießen, denn es ging seinen eingeschlagenen Weg weiter und ich ebenso; allerdings reicher durch einen unvergeßlichen Anblick.“

Seinem Freund und Jagdkollegen Harald Mösslacher aus Hermagor geschah es just am selben Tag, daß ihm ein anderer Bär in die Quere kam: „Ans Schießen dachte ich keine Sekunde, und vergessen werd' ich diesen Tag niemals!“

Aber weshalb sollte ein Bär überhaupt angreifen?

Ein freilebender, 180 Kilogramm schwerer Braunbär hat in unseren Breiten mindestens vier bis sechs Lebensjahre hinter sich. Würde er aus der Art schlagen und auf Menschen losgehen, wäre er diesbezüglich schon früher aufgefallen. Auch als Naturschützer muß man die Dinge realistisch sehen und darf nicht aus Gründen der Zweckmäßigkeit betriebsblind werden.

Was militante Tierschützer mit dem Jäger und seiner Familie noch wochenlang danach aufführten, verurteile ich allerdings aufs Schärfste. Auch wenn der Waidmann einen Tag nach dem Abschuß laut Printmedien verkündete, er sei über diesen Vorfall noch immer zutiefst betroffen und froh darüber, daß er überlebt habe, doch nun müsse er um das Fell des von ihm erlegten Meister Petz kämpfen, so wird sich jedermann selbst seine Meinung bilden. Dennoch besteht noch lange kein Grund, ihm und seiner Frau mit dem Erschießen zu drohen.

Wechseln wir noch einmal zurück in die oberösterreichischen Bezirke Kirchdorf an der Krems und Gmunden.

So wie Taschendiebe die Orte ihrer Schandtaten wechseln, wechselte auch „Nurmi“, den heißen Boden unter seinen Branten verspürend, in einen anderen Bezirk: nach Scharnstein am Ziehberg, das zur Bezirkshauptmannschaft Gmunden gehört. Auch dort holte ihn sehr rasch der Bescheid zum Zwangsabschuß, ausgestellt von der BH Gmunden, ein. Ob er nun über ein gutes G'spür oder über eine Schar von Schutzengeln verfügte, läßt sich nicht mit Sicherheit sagen, denn nicht ihn traf die tödliche Kugel eines übereifrigen Jägers am 11. Oktober 1994, sondern ein Bärenkind, das sich eben im Abnabelungsprozeß von seiner Mutter befand, mit der es noch 14 Tage zuvor im Steyerlingtal von mehreren namentlich bekannten Personen gesehen worden war.

Von Madrid bis Budapest, von Amsterdam bis Mailand berichteten die Medien über die „Heldentat“ eines jagdscheinbesitzenden österreichischen Flintenträgers, dem die Eigenverantwortung durch den Bescheid zum Zwangsabschuß abhanden gekommen sein dürfte und für den Begriffe wie Ethik und Moral offensichtlich nicht existieren. Auch sein Gewissen als Waidmann scheint nach wie vor unbelastet, denn sonst hätte er seine Lizenz zum Totschießen von Wildtieren sofort und ohne jegliche Aufforderung dem zuständigen Bezirksjägermeister übergeben müssen. Damit hätte er wenigstens dem Ansehen seiner übrigen Kollegen genützt, so aber läßt er sich von der oberösterreichischen Jagdobrigkeit als integrer Waidmann titulieren.

Der oberste Boß der dortigen Waidmänner schreckt, seinen Mann verteidigend, nicht einmal davor zurück, öffentlich zu behaupten, kein Jäger sei in der Lage, einen 90 Kilogramm schweren Bären von einem mit 150 kg zu unterscheiden. Schon aus diesem Grund habe der Schütze korrekt gehandelt, als er das ihn umschlagende, also von hinten angreifende Tier erlegte. Wie aber kam es dazu, daß der Schußkanal im Kadaver des Bären seitlich des Trägers (Halses) hinein- und auf der anderen Seite wieder herausführte? Wäre das Tier, wie behauptet, direkt auf den Schützen zugekommen, hätte es den vorliegenden Schußmerkmalen zufolge nur von einem ums Eck fliegenden Projektil getroffen werden können.

Der Herr Landesjägermeister scheint nicht bedacht zu haben, daß er mit diesem widerspruchsvollen „Deckungsmanöver“ der gesamten Jägerschaft schadet. Bösen Zungen zufolge hat sich der bewußte Vorgang aber ohnehin ganz anders abgespielt:

Der Jäger traf den einsam dahintrottenden Jungbären und fragte ihn:

„Gibt’s außer dir noch andere Bären in der Gegend?“

Worauf dieser antwortete:

„Nur mi“ („nur mich!“)!

Diese knappe Antwort kostete ihn das Leben.

Ehrenhafter und verantwortungsvoller wäre es gewesen, hätte man sich entschlossen, im Interesse der an Naturschutz orientierten Jäger sowie in jenem der überwiegenden Mehrheit der ökologisch denkenden Bevölkerung den ungerechtfertigten Abschuß restlos aufzuklären. Wie dem auch sei: Den unglücklichen Schuß, der den Tod des zwei Jahre alten Bärenkindes zur Folge hatte, können wir nicht mehr rückgängig machen.

Eines aber können wir: aus solchen Vorfällen lernen. Die Zukunft wird uns zeigen, ob wir imstande sind, gezielt vorzugehen und Wildtierhaltung mit Um-

Bilder rechts: Während der Kopulation verbeißen sich die Männchen im Hals- und Nackenfell sowie in den Ohren der weiblichen Tiere (oben). Unten: Bärenmütter sichern stets in alle Richtungen, ehe sie ihren Nachwuchs aus dem Bau führen.

Bilder umseitig: Die liebste Tätigkeit der Braunbären ist die unentwegte Suche nach Nahrung (oben). – Unten: Jungbären müssen alles erschnüffeln und ertasten. – Das weiße Kragenfell ist keine Laune der Natur, sondern hilft der Bärenmutter, ihre Jungen rasch wiederzufinden.

welterhaltung gleichzusetzen. Dazu ein Satz von Herrn Professor Schröder, der ein stets sachlich argumentierender Fachmann mit langjähriger Erfahrung ist, aus einem Telefongespräch, das ich persönlich mit ihm geführt habe:

„Wir brauchen nicht zu glauben, daß wir, ohne Bären abzuschießen, ein derartiges Wiederbesiedelungsprojekt erhalten können! Bären, die ihre Scheu verlieren, wird es immer geben, und wir dürfen nicht zulassen, daß diese Tiere durch ihr Verhalten ein ganzes Projekt zunichte machen.“

Ich würde mir wünschen, daß wir unsere Fehler ausmerzen, guten Willen zeigen und alles unternehmen, damit ein Miteinander von Bär und Mensch wieder möglich wird.

Bild umseitig: Jungbären sind sehr verspielt.

Bild links: Bären beobachten Menschen schon von weitem; bei gegebener Fluchtmöglichkeit lassen sie diese bis an die fünfzig Meter herankommen.

„SCHAU, DASS D' VASCHWINDST, DU SCHIACHA KERL…!" – WAS TUN, WENN MAN EINEM BÄREN BEGEGNET?

Es wäre allzu schön, könnte ich in diesem Kapitel eine Standardregel anführen, die bei Konfrontationen mit Braunbären die einzig richtige und gegen etwaige Angriffe effiziente ist.

Fasse ich alle Begegnungen von Menschen und Bären in unserem Land, die ich selbst erlebt bzw. von denen ich erfahren und die ich untersucht habe, zusammen, dann muß die Schlußfolgerung lauten: Keine Angst – von Braunbären haben wir Zweibeiner nichts zu befürchten!

Jeder Mensch, der einem Bären begegnet, kommt mit dem Schrecken davon. Dieser läßt sich allerdings schon deshalb nicht vermeiden, da uns schon seit frühester Jugend und später in Filmen eine tiefe Angst vor diesen „Bestien der Wildnis" eingeimpft wurde. Diese Angst – und das sage ich nicht nur deshalb, weil ich für das Überleben dieser Tiere eintrete – ist tatsächlich weitgehend unbegründet.

Jedes Jahr fallen weltweit etwa 53.000 Menschen Tieren zum Opfer. Allein an die 50.000 erliegen Schlangenbissen, weit über 1.000 hat die Tsetsefliege durch ihren die Malaria übertragenden Stich auf dem Gewissen. Die als so blutrünstig dargestellten Haie „killen nur" an die 20 bis 25 Menschen.

Nehmen wir hingegen die dokumentierte Anzahl der durch Grizzlybären – den aggressivsten dieser Spezies – ums Leben Gebrachten zum Vergleich, dann wurden in den letzten hundert (!!!) Jahren zwölf Menschen durch sie getötet, und zwar in den Weiten der Vereinigten Staaten und Kanadas. Ferner ist – wenn auch nicht überprüft – von elf Menschen die Rede, die in Europa innerhalb der letzten 15 Jahre durch Braunbären umgekommen sein sollen; acht davon angeblich in Rumänien.

Diese relativ hohe Anzahl hat ihren Grund darin, daß der von 1974 bis 1988 amtierende Staatspräsident Nicolaie Ceauşescu etliche der in europäischen Zoos geborenen Braunbären, die dort nicht mehr benötigt wurden, ankaufte und sie in seinem Land aussetzte. Dabei handelte es sich um halbwüchsige Tiere, die bis zum Tag der Entlassung in die Freiheit betreut und versorgt worden waren. Die in freier Wildbahn daher nicht überlebensfähigen Bären mußten regelmäßig zugefüttert werden. Seit ihrer Geburt an Menschen gewöhnt, suchten sie auf ihren Wanderungen die Nähe von menschlichen Behausungen.

Immer öfter kam es daher zu Auseinandersetzungen mit nahrungssuchenden Bären, bei denen der Mensch den kürzeren zog. Den Einheimischen war nämlich strikt verboten worden, die halb zahmen und deshalb gefährlich frechen Tiere abzuschießen. Der Staatspräsident brauchte fettgefressene, kapitale Braunbären, die er hohen politischen Besuchern zum Abschuß anbieten konnte. Auf Kirrplätzen (Anfütterungsstellen) wurden die Tiere von Betonbunkern aus, die in die Erde eingelassen und mit Schießschlitzen versehen worden waren, von Parteibonzen und ausländischen Gästen abgeknallt.

Seit mehr als zwanzig Jahren gibt es freilebende Bären in Österreich, und mir ist kein einziger Fall bekannt, in dem ein Mensch angegriffen oder gar verletzt worden wäre. Selbst in der einschlägigen Literatur, zurück bis ins 17. Jahrhundert, wird kein Unfall mit Todesfolgen erwähnt.

Es besteht kein Grund zur Annahme, daß sich Bären, wenn sie Hunger haben, auf Menschenjagd begeben. Aber daß es unter den bereits beschriebenen Umständen zu tätlichen Angriffen mit Verletzungen kommen und daß Attacken – in ganz seltenen Fällen – auch tödlich enden könnten, darf nicht unerwähnt bleiben.

In den vergangenen sieben Jahren konnte ich exakt 185 Begegnungen mit Bären verzeichnen. Bei 18 davon lag die Distanz unter 30 Meter, drei Bären unterschritten die Sechs-Meter-Grenze.

Das Verhalten der Tiere in allen Nahsituationen war stets interessiert-abwartend. Ich hatte nie den Eindruck, daß Bären eine tätliche Auseinandersetzung provozieren. Auch wenn ich deutlich die angelegten Schädel- und gesträubten Nackenhaare erkennen konnte, so vermochte ich darin nicht jene Aggression zu beobachten, durch die ein unmittelbar bevorstehender Angriff signalisiert wird. Eher hatte ich den Eindruck, daß sein Instinkt den Bären vor dem Menschen eindringlich warnt, obwohl er längst die Erfahrung gemacht hat, daß er nicht bejagt wird. Dazu kommt noch unsere für Bären undurchschaubare Wehrhaftigkeit. Bei einer Nahbegegnung demonstriert jeder Bär seine Größe, Kraft und auch Entschlossenheit zum Angriff, doch nimmt er den Rückzug des Menschen derart tolerant zur Kenntnis, daß man meinen könnte, er sei ebenso erleichtert wie unsereins, daß eine Konfrontation mit Verletzungen oder gar tödlichem Ausgang vermieden werden konnte, ohne daß Meister Petz sein Gesicht dabei verlor. Braunbären lassen sich in der Regel nur im äußersten Notfall auf Raufhändel ein, zumal sie genau wissen, daß sich Verletzungen für die Nahrungssuche ungünstig auswirken, ja sogar Schwächung oder Tod zur Folge haben könnten. Führenden Weibchen oder verletzten Bären hingegen ist diese Hemmschwelle – bei Bedrohung – weitgehend abhanden gekommen.

Bären haben kein besonders gutes Sehvermögen. Aufgrund meiner vielen

Freilandbeobachtungen und den daraus folgenden überraschenden Begegnungen tendiere ich zur Ansicht, daß sie kurzsichtig sind. Ich glaube, daß ein kurzsichtiger Bär einen Menschen aus einer Entfernung von etwa 80 Metern von einem halbwüchsigen Artgenossen nicht unterscheiden kann. Auch mag es durchaus der Fall sein, daß Angriffe auf Menschen mitunter Mißverständnisse sind. Ein treffendes Beispiel dafür ist eine Begebenheit, die sich Ende August 1992 in unmittelbarer Nähe der ehemaligen Tschischalm abspielte:

Um 11 Uhr 30 überquerte ich den zum Kreuzberg, Kärnten, hin auslaufenden Lakarücken. Vollkommene Windstille herrschte, und seit 14 Stunden regnete es in Schnürln. Beim Abstieg zur besagten Alm teilte ich meiner Kollegin Sonja Kracher, die sich auf der Talsohle nahe der Hermagorer Bodenalm befand, über Funk meine Position mit: „Seehöhe 1640 Meter, Planquadrat 3 (auf unseren selbstgefertigten Orientierungshilfen). Beginne mit Abstieg zum ersten Weidezauntor Richtung Techendorf. Voraussichtliche Ankunft in eineinhalb Stunden. Bitte auf Empfang bleiben.“ Ich hatte kaum fünfzig Meter in die angegebene Richtung zurückgelegt und war dabei, einen kleinen Hügel zu übersteigen, als ich zwei grunzende Laute hörte.

Der Waldboden dunstete vom pausenlosen Regen. Die Sicht war miserabel. Leise, ganz langsam erreichte ich die Anhöhe und schaltete das Funkgerät aus, um keine störende Meldung zu empfangen. Ohne mich zu bewegen, stand ich im Regen, nur meine Augen tasteten Meter für Meter jeden vor mir stehenden Baum, Busch und Strauch ab. Trotz meines sehr guten und trainierten Sehvermögens konnte ich nichts Außergewöhnliches entdecken.

Und hätte sich die etwa 25 Meter vor mir abgewandt stehende Bärin nicht auf alle viere niedergelassen, wäre ich nicht imstande gewesen, sie auszumachen, so gut wurde sie durch die angepaßte Farbe ihres Pelzes getarnt.

Ihre Bewegung verriet sie letztendlich. Sie drehte sich ein wenig zu mir und richtete sich wieder auf. Mit hoch erhobenem Haupt und bebenden Nasenflügeln sog sie die Luft ein. Das erste, was mir auffiel, war ihr Gesäuge. Es sah aus, als würde sie führen. Ich muß zugeben, daß mir bei diesem Gedanken der Schreck wie ein Blitz in die Glieder fuhr. Einer Bärin, die Junge führt, war ich näher, als Gott es erlaubt. In Superzeitlupe führte ich mein Fernglas von der Brust bis an die Augen, um vielleicht auch ihren Nachwuchs zu erspähen. Sie mußte diese Bewegung wahrgenommen haben, denn sie ließ sich abfallen, ging ganz langsam einige Schritte auf mich zu, verharrte und setzte Losung ab.

Nach einigen Sekunden hatte sie ihr Geschäft verrichtet. Ohne Hast, als überlegte sie sich jeden Schritt, kam die Bärin auf mich zu. Immer noch prüfte sie mit weit geöffneten Nasenlöchern und kurzem Atem den Wind. Sie war schon so nahe, daß ich das Rot ihrer Nasenschleimhaut sehen konnte. Und dann geschah etwas, das ich bis heute nicht verstehe.

Ich besitze einen schwarzen, breitkrempigen, wasserdichten Hut mit einem Band aus Klapperschlangenhaut, an dem auf Indianerart ganz lose zwei Falken- und drei Eichelhäherfedern befestigt sind. Bei Regenwetter ist er unerläßlich. Diesen Hut zog ich, ohne darüber nachzudenken, wie ein Musketier vom Kopf und begrüßte die auf mich zukommende Bärin mit den Worten: „Ich weiß, das ist dein Revier. Tu mir nichts, ich tu' dir auch nichts!"

Ich war mit meinem Sprüchlein noch nicht zu Ende, da drehte die Bärin nach links ab und rannte unter ständigen „Wuff-Wuff"-Lauten zuerst geradeaus und dann im Zickzack davon.

Vermutlich hatte sie zunächst geglaubt, einen Artgenossen vor sich zu haben, den sie aus ihrem Revier vertreiben müsse. Als menschliches Wesen dürfte sie mich vorerst nicht betrachtet haben. Durch die offensichtliche Windstille oder die für uns Menschen nicht erkennbare geringe Luftströmung, die von ihr in meine Richtung trieb, hatte sie sich im Nachteil befunden. Riechen konnte sie mich nicht, aber sehen hätte sie mich müssen. Erst das Erkennen der tatsächlichen Situation löste die Fluchtreaktion in ihr aus.

Ob sie nun Nachwuchs hatte und auch dieser in ihrer Nähe war, konnte ich trotz intensiver „Spurensicherung" nicht feststellen. Daß sie sich die damals dort reichlich vorhandenen Steinpilze einverleibte, bewiesen mir Grabspuren und Pilzreste. Wie eine spätere Messung ergab, war sie mir auf exakt sechs Meter nahe gekommen.

Auch eine weitere Beobachtung läßt darauf schließen, daß Bären kurzsichtig sind.

Der Prevost River, ein Zufluß des Ross River, fließt im kanadischen Yukon durch ein ziemlich langes Tal von Ost nach West und mündet unterhalb des Lewis Lake in seinen größeren Bruder. Beim Absuchen der Talsohle mit dem Fernglas entdeckten Tom Saskat und ich einen vermutlich von einem Vielfraß oder Wölfen halb aufgefressenen Karibukadaver. Das Aas lag auffällig im flachen Gelände. Ein Bär zog, mit dem Wind gehend, etwa 10 bis 12 Meter an den Kariburesten vorbei. Er war vielleicht schon 20 Meter darüber hinaus gegangen, als ihn der Wind einholte und ihm die Information von vorhandenem Futter zutrug. Plötzlich hielt das Tier ruckartig an, wandte sich, nachdem es die Luft sorgfältig geprüft hatte, um, lief schnurstracks zum Kadaver zurück, beschnüffelte ihn von allen Seiten und begann ihn aufzufressen.

Wenn man einem Bären, der urplötzlich auftaucht, durch Gestikulieren die eigene Präsenz anzeigt, so ist dies – wie ich meine – eine wichtige Früherkennungshilfe für ihn, und Mißverständnisse können somit rechtzeitig ausgeschaltet werden.

Menschen, die Reviere von Bären betreten, tun stets gut daran, sich bemerkbar zu machen; vor allem Schwammerlsucher und Beerenpflücker, die oft schon im Morgengrauen unterwegs sind. Es mag unsinnig klingen, wenn ich Ihnen rate: Führen Sie gelegentlich Selbstgespräche, pfeifen Sie dann und wann ein Lied oder schlagen Sie mit einem Stock gegen einen Baum. Aber es schützt dennoch vor unliebsamen Überraschungen. Noch empfehlenswerter wäre ein sogenanntes „Bärenglöckchen", welches am Arm oder Rucksack befestigt werden kann und sich in den Bärengebieten der USA bestens bewährt hat. – Zwar werden mich Jäger dieses Ratschlags wegen zum Teufel wünschen, aber so leid es mir tut: andere Vorbeugungsmaßnahmen gibt es nicht.

Anhand früherer Beispiele habe ich darauf hingewiesen, daß Bären dem Menschen nach Möglichkeit aus dem Weg gehen. Von der Mutter unabhängig gewordene Jungtiere verhalten sich, bedingt durch ihre Neugier, gegenüber Menschen allerdings wesentlich weniger scheu als Alttiere. Sie probieren alles Erdenkliche aus, um herauszufinden, wie weit sie gehen können. Werden sie beim Durchstöbern von Abfallkübeln ertappt, fliehen sie nicht sogleich, sondern warten meist erst einmal ab, was geschieht. Da beim Anblick eines Bären in 99 Prozent der Fälle der Mensch den Rückzug antritt, haben sie bald herausgefunden, daß ihnen keine Gefahr von diesen Zweibeinern droht. Eine gewisse beiderseitige Gewöhnung ist aber notwendig, da es bei uns keine einzige Region gibt, die noch nicht erschlossen ist und Bärwild sich nirgendwo in abgelegenes Hinterland zurückziehen kann. Infolge der Bevölkerungsdichte werden Bären immer wieder mit Menschen zusammentreffen, und auch wenn der Gewöhnungseffekt gegeben wäre, läßt sich nicht ausschließen, daß diese Tiere in Streßsitutationen gefährlich werden. Da Bären aber rasch lernen, sind sie befähigt, lästigen Dingen – und dazu gehören auch wir Menschen – aus dem Weg zu gehen.

Andererseits kann dieser Gewöhnungseffekt auch zu unglaublicher Dreistigkeit führen.

Im Frühjahr 1993 traf ich im oberösterreichischen Almtal frühmorgens auf einen Jungbären. Er war eben damit beschäftigt, einen eisernen Abfallkorb, der am Rand eines Wanderweges aufgestellt und fix befestigt war, nach Freßbarem zu untersuchen. Da er den Korb nicht umwerfen konnte, tauchte er mit dem Kopf in ihn ein und holte mit dem Maul Papier sowie Plastikbecher heraus. Ich war ihm durch Zufall, beim Überqueren des Weges, auf etwa dreißig Meter nahe gekommen. Das Tier mußte mich sofort bemerkt haben, denn es zog den Kopf aus dem Korb, sah mich einige Sekunden an und versenkte sein Haupt abermals darin. In aller Ruhe holte es einen silbrig glänzenden Papierteil hervor und machte sich damit ohne Hast davon.

Wahrscheinlich stellte ich für den Bären keine Überraschung dar; er hatte mich schon längst gespürt oder in den Wind bekommen, und da Bären wegen ihres Geruchssinns Entfernungen ziemlich genau schätzen können, war ich aufgrund seiner bisherigen Erfahrungen keine potentielle Gefahr für ihn. Die Fluchtdistanz war für das Jungtier nicht unterschritten worden; es wußte sozusagen genau, wie lange ich – bei meiner Möglichkeit, mich fortzubewegen – brauchen würde, um ihm gefährlich zu werden. Ein Radfahrer hingegen könnte in derselben Situation in erhebliche Schwierigkeiten geraten, denn mit menschlicher Technik kommt ein Bär nicht so leicht zurecht. Kaum hat er den Pedaletreter gewittert, ist dieser auch schon da, und das könnte zu gefährlichen Reaktionen der Verteidigung des auf diese Weise überraschten Bären führen. Drachenflieger, Paragleiter und Segelflieger sind für Wildtiere der wahre Horror, denn sie tauchen aus dem Nichts auf und jagen furchtbaren Schrecken ein. Adler machen sich diesen Effekt zunutze, indem sie im Gebirge weidende Schafe oder Gemsen durch tiefes Anfliegen derart erschrecken, daß es nicht selten zu Abstürzen kommt, von denen diese Greifvögel profitieren.

Braunbären, die sich artgerecht verhalten, greifen den Menschen ohne ersichtlichen Grund niemals an. Kommt man ihnen zu nahe oder werden sie überrascht, dann fliehen sie in den meisten Fällen oder entschließen sich zu einem „Kurzangriff“. Ich nenne das „attackieren“. Derartige Scheinangriffe sollen den Eindringling vertreiben. Kommt man dieser eindeutigen Aufforderung nach, indem man sich deutlich genug und ohne Hektik vom Bären wegbewegt, so wird sich dieser bald zufriedengeben und ebenfalls verschwinden. In Panik davonzulaufen, ist schon deshalb nicht ratsam, da dies den Reiz zur Nachhetze auslösen könnte. Außerdem sind Bären in der Lage, beinahe ansatzlos, mit einer Geschwindigkeit von 40 bis 50 Stundenkilometern, loszurennen.

Im Verlauf meiner Forschungstätigkeit in Österreich habe ich, Gott sei Dank, keinerlei Erfahrungen mit Bären machen können, die Menschen allen Ernstes angegriffen und auch verletzt hätten. Wie schon erwähnt, zählen Braunbären gemäß dem Jagdgesetz zum jagdbaren Wild, sind aber ganzjährig geschützt. Daß durch diesen Umstand das „Feindbild Mensch“ in ihnen verändert wurde, kann nicht zur Gänze ausgeschlossen werden. Vielleicht aber hängt ihr – im Gegensatz zum nordamerikanischen Braunbären – weniger aggressives Verhalten auch damit zusammen, daß sie als Folge der dichten Besiedlung und der touristisch erschlossenen Gebiete „bewußter“ mit Menschen aufwachsen.

1993 kam in Slowenien ein Jäger, der dieses Prädikat zu Unrecht trug, zu

Tode, denn er ging einer Wildsau nach, die seiner Meinung nach angeschossen, also waidwund die Flucht ergriffen hatte. Als es bereits zu spät war, mußte er feststellen, daß er einen Bären ins Visier genommen hatte. In seiner Todesangst verletzte das Tier den Pseudojäger so erheblich, daß dieser an den Folgen starb.

Es ist nie auszuschließen, daß sich auch in unseren Landen ein in die Enge getriebener Bär zur Wehr setzt.

Das Argument, daß es in unseren Wäldern für Bären keine Nahrung gäbe, lasse ich nicht gelten, denn sie findet sich, wie erwähnt, überreichlich. Keinesfalls wäre dies ein Grund für „Problembären".

Einige der bei uns heimisch gewordenen Bären haben etwas gelernt: Dort, wo es Menschen gibt, gibt es auch etwas zu fressen. Abfälle, Hasen, Hühner, Schafe, Futtermittel, Lagerobst und Bienenhäuser laden schon aufgrund der von ihnen ausströmenden Düfte ein. Daher suchen die Tiere nächtens Bauernhöfe auf und delektieren sich an dem Angebot. Solche Bären können freilich zu „Problembären" werden, denn sie verbreiten, auch wenn sie sich noch so harmlos benehmen, Angst und Schrecken. Haben sie sich einmal angewöhnt, sich auf diese Weise Nahrung zu beschaffen, so ist ihnen das nur schwer wieder auszutreiben. Abgesehen davon weiß man nie im vorhinein, wo und wann sie auftauchen; wüßte man dies, würde ich den Betroffenen empfehlen, dem Dieb ein Gummigeschoß oder Vogeldunst (feinen Schrot) auf den Pelz zu brennen. So ein Schuß muß unbedingt am Hinterteil des Bären angebracht werden, denn wird er am Kopf getroffen, besteht die Gefahr des Erblindens.

Zuverlässiger sind jedoch andere Maßnahmen:

Waldnah gelegene Gehöfte oder Kleinsiedlungen, in denen Schafe oder andere Haustiere gehalten werden, sind mitunter Ziele von Beutezügen. Übergriffe von Bären sollten durch einen elektrischen Schlag bestraft werden; daher ist die nächtliche Absicherung gefährdeter Objekte mittels Elektrozäune eine nicht mehr wegzudenkende Voraussetzung dafür, daß den guten Tieren künftig die Lust an derartigen Missetaten vergeht, zumal sie, wie wir wissen, aus bösen Erfahrungen rasch lernen. Herrn Univ.-Prof. Doz. Kurt Kotrschal von der Konrad Lorenz-Forschungsstelle für Ethologie in Grünau im Almtal möchte ich an dieser Stelle für die Anregung danken, Wälder zu Sperrgebieten erklären zu lassen, vor allem dann, wenn sich eine Bärin mit Jungen darin aufhält.

Wir werden aber noch viele andere Maßnahmen ergreifen und uns etwas einfallen lassen müssen, um ein Miteinander von Mensch und Bär zu ermöglichen. Gewiß ist es eine reizvolle Aufgabe, dieses Miteinander in unserem Land zustande zu bringen. An unseren akuten „Problemen" mit Bären zeigt sich auf eindrucksvolle Weise, wie einfach es ist, von anderen Ländern den Schutz von

Elefanten, Gorillas, Nashörnern und Pandabären zu verlangen, zumal wir diesbezüglich nur unseren Mund aufzutun, aber keinen Finger zu rühren brauchen.

Mit ihrem ausgesprochen gut funktionierenden Wahrnehmungsvermögen können Bären nahe kommende Menschen rasch ausmachen und das Weite suchen. Es ist aber nicht auszuschließen, einen in seinem Tageslager ruhenden Bären doch zu überraschen. Einzelne Beeren- und Pilzsucher sind, wenn sie heimlich, still und leise durch den Wald gehen, mehr gefährdet als Gruppen, die sich miteinander unterhalten. Sollten Sie aber tatsächlich einmal einem Bären gegenüberstehen, kann ich Ihnen immer wieder nur das eine raten: Bleiben Sie ruhig, und gehen Sie langsam, ohne ihm direkt in die Augen zu sehen, von ihm weg. Bären sind tolerant; sie fühlen sich nicht gleich bedroht, so der Mensch sich richtig verhält. Nur wenn sie sich bedrängt glauben oder wenn die Fluchtdistanz von 30 bis 10 Meter unterschritten wird, können Bären gefährlich werden.

Schulkinder auf Wandertagen haben nichts zu befürchten, denn sie sind schon von weitem zu hören und meist auf Forststraßen oder Wanderpfaden unterwegs. Begangene Steige, Wanderwege und Forststraßen werden von Bären als menschliche „Reviere“ erkannt und auch respektiert. Zwar benutzen sie diese, aber bei Begegnungen mit Menschen haben letztere „Heimvorteil“. Ich habe schon mehrere Begegnungen mit Bären auf Forststraßen hinter mir und konnte die beruhigende Feststellung machen, wie schnell sie diese verlassen, wenn ihnen darauf Menschen entgegenkommen. Bei Forst- oder stillgelegten Güterwegen, die lange nicht begangen oder befahren wurden, verhält sich dies freilich schon ganz anders.

1993, Großsölk: In den Abendstunden befand sich eine Pensionistin mit voller Milchkanne auf dem Heimweg, als ihr plötzlich – höchstens dreißig Meter entfernt – ein Bär gegenüberstand. Sie streckte ihre mit dem Spazierstock bewaffnete Hand gegen ihn aus und herrschte ihn an: „Schau, daß d' vaschwindst, du schiacha Kerl, sunst hau i di windlwoach!“ Worauf der Bär aufgrund dieser unfreundlichen Begrüßung das Weite suchte. Einem Jäger im Gitschtal erging es ebenso, nur verhielt er sich ruhig, da er das Tier fotografieren wollte. Aber ehe er seine Kamera in Anschlag bringen konnte, hatte Meister Petz seine Fotoscheu dadurch unter Beweis gestellt, daß er einfach weglief.

Gefährlicher kann es werden, wenn Jäger gezwungenermaßen – wegen der hereinbrechenden Dunkelheit – angeschossenes Wild erst am darauffolgenden Morgen suchen können. Dazu ist meist ein Hund erforderlich, und Hunde, die nicht speziell auf Bären abgerichtet sind, haben vor diesen Tieren panische Angst. Setzt ein Jäger einen Hund auf die Schweißspur an und läßt er ihn von der Leine los, wird der Vierbeiner in seinem jagdlichen Enthusiasmus der Spur höchst konzentriert folgen, denn in seinem Hirn existiert nur die einzige Aufgabe: Das waidwund geschossene Wild so rasch als möglich aufzuspüren. Was dem Hund mit seiner Nase gelingen wird, kann einem Bären aber schon längst gelungen sein: Er hat sich bereits in der Nacht des verwundeten Wildes bemächtigt, es getötet und läßt sich seine vermeintliche Beute soeben schmecken. Der Hund, der den Bären wegen der ungünstigen Windrichtung nicht wittern kann, ist baß erstaunt darüber, daß sich beim Kadaver des Wildes ein viel größeres, furchteinflößendes, für ihn übel riechendes Ungeheuer breitgemacht hat. Der Bär hingegen fühlt seine Beute in Gefahr und attackiert den Eindringling sofort. Dieser wiederum eilt mit eingezogener Rute zurück zu seinem Herrn und nimmt den ihm nachhetzenden Bären mit. So kann es zu ungewollten Nahkonfrontationen mit höchst ungewissem Ausgang kommen. Deshalb lege ich jedem Jäger nahe, seinen Hund in Bärengebieten an die lange Leine zu nehmen und das Verhalten seines für ihn tätigen Vierbeiners und dessen Umfeld sehr aufmerksam zu beobachten.

Ein erlegter Elch, der wegen seines Gewichts nicht sofort abtransportiert werden kann, wird in Kanada, wenn er über Nacht liegen bleibt, zumindest in ein übersichtliches Gelände gebracht, damit ein Bär, der den Elch angenommen hat, schon von weitem ausgemacht werden kann. Unangenehm kann es auch werden, wenn Jäger oder Forstarbeiter in dichteres Unterholz oder in von Windbrüchen durchzogene, urwaldähnliche Wälder eindringen müssen. Für Bären sind dies Schutzräume, in die sie sich gerne zurückziehen. Bei Konfrontationen haben sie einen enormen Vorteil: Sie bewegen sich in diesem für uns so hinderlichen Gelände geschickt und flink wie Wiesel. Ihre schwerfällige, langsam wirkende Gangart ist darauf zurückzuführen, daß sie Sohlen- und Paßgänger sind. Rechter Vorder- und rechter Hinterlauf werden gleichzeitig nach vorne gesetzt, dann folgen linker Vorder- und linker Hinterlauf. Dieser an Enten erinnernde „Watschelgang“ läßt Bären ungeschickt und eben drollig aussehen.

Wanderer, bleibt auf Forststraßen und markierten Steigen und Wegen! Bären errichten weitab davon ihre Tageslager, da sie ungestört bleiben und ihre selige Ruhe haben möchten.

Abgesehen davon, daß das Zelten im Naturschutz- und Landschaftsschutzgebiet ohnehin verboten ist, wende ich mich auch an jene Unentwegten, die sich um gesetzliche Regelungen nur wenig kümmern. Proviant – gleichgültig, in welcher Form – gehört vor dem Aufsuchen des Schlafplatzes fünfzig Meter von diesem entfernt und mittels eines Seils mindestens acht Meter hoch auf einen geeigneten Baum gezogen. Auch wenn in unserem Land noch nie etwas Derartiges passiert ist, könnte dennoch der Fall eintreten, daß sich ein neugieriger Bär, angelockt vom Duft menschlicher Essensreste, nächtens sehr nahe an das Zelt heranwagt und sich beim Verzehr von liegengelassenen Lebensmitteln nicht stören läßt, sondern „seine Beute" aggressiv verteidigt.

Ein Mensch, der sich aus welchen Gründen auch immer ins Unterholz wagt oder in steilem, unwegsamem Gelände seine Kondition trainieren will, könnte einmal vor einem kuscheligen, kleinen, zum Streicheln einladenden Wollknäuel stehen und dieser Einladung womöglich nachkommen. Dann befürchte ich ein fatales Ende. Die Bärenmutter ist nicht weit, und sie würde keinen Augenblick zögern, einen Angriff zu starten, um das vermeintlich bedrohte Leben ihres Jungen zu verteidigen. In einem solchen Fall ist es ratsam, sich schleunigst in jene Richtung zu entfernen, aus der man gekommen ist.

Welche Umstände auch immer es sein mögen, die einen Bären veranlassen, einen Menschen mit Entschlossenheit anzugreifen: er wird diesen Angriff mit großer Wahrscheinlichkeit aus kurzer Distanz durchführen. Beträgt die Entfernung, aus der der Angriff erfolgt, etwa zehn Meter, dann benötigt der angreifende Bär rund 2–3 Sekunden, um die Strecke bis zum Objekt seines Angriffs zurückzulegen. Selbst der reaktionsschnellste Sprinter wird kaum in der Lage sein, innerhalb dieses Zeitraumes einen geeigneten Baum zu finden und diesen auch noch zu erklettern. Und sollte dies gelingen – auch der Bär schafft das spielend.

Einige ausgebildete Zoologen, Biologen und sogenannte „Bärenexperten" in unserem Land behaupten immer wieder, man möge bei einem Angriff von Meister Petz nach Möglichkeit einen geeigneten Baum erklettern. Derartige Aussagen beweisen Mangel an Erfahrung, denn zu oft habe ich bei Feldforschungen in Europa Bären auf Bäume klettern gesehen. Das Verhalten des amerikanischen Grizzlys – der ausgesprochen zu faul zum Klettern und dafür auch oft zu schwer ist – auf den Europäischen Braunbären umzulegen, ist gefährlich, weil falsch. Ein Pilzsucher, der 1994 in der Slowakei vor einem Bären auf einen Baum flüchtete, wurde von dem provozierten Tier eingeholt und lebensgefährlich verletzt. In Panik davonzurennen, bringt in einer solchen Situation ebenfalls nichts. Sich fallen zu lassen, einzuigeln und den Kopf mit den Händen oder einem eventuell vorhandenen Rucksack zu schützen, scheint mir noch die beste Möglichkeit, mit dem Leben davonzukommen. Braunbären sind keine „Menschenfresser", sie könnten aber in ihrer Wut und Erregung in den reglos vor ihnen liegenden Körper beißen. Für gewöhnlich lassen sie aber rasch wieder davon ab, da er keine unmittelbare Bedrohung mehr darstellt.

In diesem Zusammenhang bitte ich die verantwortlichen Stellen, wie Landesregierungen und Jägerschaft, einen von mir schon mehrmals öffentlich ausgesprochenen Vorschlag zu überdenken: Bärengebiete sollten durch Tafeln, die das Vorkommen von Bären, ihr Verhalten und jenes des Menschen bei Begegnungen mit ihnen sachlich erklären, ausgewiesen werden. Die Befürchtungen, daß dadurch weniger Touristen ins Land kämen, sind unbegründet. Das beweisen Beispiele aus anderen Ländern, und auch die bei uns aufgestellten Hinweistafeln auf Tollwutgefahr haben dem Tourismus nicht geschadet.

1994 lebten in Österreich 14–17 Braunbären. Sie haben in den Bundesländern Oberösterreich (1–2), Niederösterreich und Steiermark (7–8), Salzburg (einer wechselnd) und Kärnten (3–4) ihre Reviere. Einige davon überschneiden einander. Etwa 2–4 Bären sind permanent auf Wanderschaft; sie streifen ziemlich regelmäßig über Jahrhunderte alte Bärenwechsel durch diese

Die schraffierten Felder kennzeichnen jene Gebiete, in denen regelmäßig Bären vorkommen.

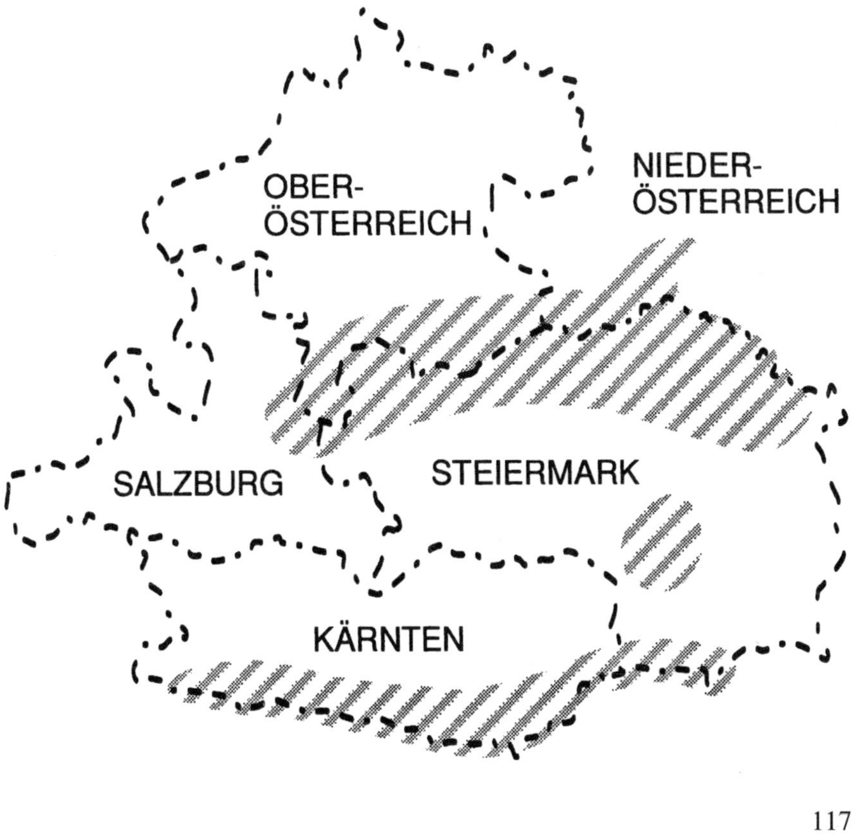

Gebiete. Die Wahrscheinlichkeit, Meister Petz zu Gesicht zu bekommen, ist angesichts seines zahlenmäßig geringen Vorkommens in unserem Land und wegen seiner Dämmerungs- und Nachaktivitäten sehr niedrig. Dennoch wäre es sinnvoll, einen „Verhaltenskatalog“ für Begegnungen mit Bären zu erstellen und der Öffentlichkeit zugänglich zu machen.

Allerdings darf dem WWF nicht allein die Verantwortung für die Herausgabe eines derartigen Katalogs (oder einer Fibel) aufgehalst werden. Jede Landesregierung, die direkt oder indirekt mit Braunbären befaßt ist, sollte ihn veröffentlichen und jedem Interessierten kostenlos zur Verfügung stellen. Was in anderen „Bären“-Ländern längst selbstverständlich ist, dürfte auch bei uns nicht Gegenstand langer Überlegungen sein. Bis es aber soweit ist, empfehle ich Wanderern, Bären- und Pilzsammlern, Wildcampierern, Jägern, Forstleuten sowie allen, die sich in Bärengebieten *weitab von Forststraßen, Wanderwegen und markierten Steigen bewegen, folgende Vorsichtsmaßnahmen* (einige davon wurden schon früher angeführt, andere kommen zusätzlich dazu):

- Jeder Mensch, der sich in ein Gebiet mit Bären begibt, kann Meister Petz begegnen. Denken und schauen Sie voraus, bleiben Sie stets wachsam, denn eine solche Begegnung könnte nervenaufreibend werden!
- Beobachten Sie die Gegend, und versuchen Sie, abzuschätzen, ob sich hier Bären aufhalten könnten. Besondere Vorsicht ist geboten, wo Pflanzen wachsen, die von Bären gerne angenommen werden, an Feuchtbiotopen und nahe von Stellen mit Waldfrüchten.
- Wenn Sie einen Bären sehen, tun Sie bitte alles, um ruhig zu bleiben. Ziehen Sie sich langsam zurück!
- Denken Sie daran, daß Bären, obwohl sie Wildtiere sind, niemals vorsätzlich Menschen angreifen – es sei denn, sie fühlen sich bedroht oder provoziert!
- Bei Wanderungen oder Schulausflügen ist es wichtig, daß die Mitglieder miteinander reden und Kontakt halten. Panik kann die Sicherheit der gesamten Gruppe aufs Spiel setzen!
- Laufen Sie nie vor einem Bären weg, schreien Sie ihn nicht an! Auch das könnte ihn provozieren und die Möglichkeit einer Attacke vergrößern. Zeigen Sie ihm durch ruhiges Reden und Gestikulieren Ihre Anwesenheit an!
- Nähern Sie sich einem Bären unter keinen Umständen!

- Es ist immer gefährlich, wenn Sie einen Bären beim Schlafen, Fressen oder mit seinen Jungen überraschen. Tun Sie ihm deshalb Ihre Anwesenheit durch Geräusche schon im voraus kund. Bären betrachten das als Warnung und werden Sie meiden!
- Nähern Sie sich niemals einem Jungbären, auch dann nicht, wenn Sie glauben, er sei allein. Sollten Sie einem begegnen, ziehen Sie sich in dieselbe Richtung zurück, aus der Sie gekommen sind!
- Gehen Sie niemals dem Geruch von verwesendem Fleisch nach. Gleichgültig, welches Aas Sie auch finden – ziehen Sie sich zurück, und meiden Sie diese Stelle!
- Legen Sie nie Futter für einen Bären aus! Damit bringen Sie ihm schlechte Gewohnheiten bei; er assoziiert menschlichen Geruch mit Nahrung und verliert dadurch seine natürliche Scheu. Das kann für Sie wie für ihn gefährlich sein!
- Menschliche Abfälle (dazu zählen auch gebrauchte Damenbinden oder Tampons) haben in freier Natur nichts zu suchen und dürfen nicht weggeworfen werden!
- Wenn Sie einen Bären nahe von Siedlungen oder Ortschaften sichten, melden Sie dies bitte dem nächsten Gendarmerieposten!
- Die Vögel des Waldes, wie Krähen, Raben, Adler und andere Greifvögel, könnten auf das Vorhandensein eines Kadavers schließen lassen. Schreckende (Warnlaute ausstoßende) oder flüchtende Rehe, Gemsen und Hirsche könnten von einem Bären überrascht worden sein. Alarmrufe von Vögeln oder Murmeltieren weisen möglicherweise ebenfalls darauf hin, daß ein Bär in der Nähe ist!
- Beachten Sie die Windrichtung! Kommt der Wind von vorne auf Ihre Gehrichtung zu, kann ein Bär Sie nicht wittern!
- Vorsicht ist geboten, wenn Sie auf frische Fährten, Grabspuren oder auf die noch feuchte Losung eines Bären stoßen. Bärenkot ähnelt dem des Menschen, enthält aber meist Reste von Gräsern oder Beeren!
- Zu zweit oder in Gruppen zu wandern, ist stets von Vorteil. Lassen Sie Kinder nicht weit hinterherzockeln oder vorausgehen!
- Hunde an die Leine! Denn sie könnten, so sie von einem Bären gesehen oder gerochen werden, Aggressionen provozieren. Wenn sie wieder zu ihrem Herrn zurücklaufen, wäre es leicht möglich, daß ihnen der Bär folgt!
- Wandern Sie nur bei Tageslicht!

- Wenn Sie sich in Dickicht begeben, sprechen Sie laut oder rufen Sie. Pfeifen Sie nie nur kurz, sondern immer eine Melodie, denn kurze Pfeiftöne können Tierrufen ähnlich sein!
- Sollte Ihr optisches oder akustisches Wahrnehmungsvermögen durch Wind, Regen oder Wasserrauschen eingeschränkt sein, seien Sie besonders vorsichtig!
- Starker Nahrungsmittelgeruch kann vermieden werden, wenn Sie die Nahrungsmittel sorgfältig in Gefrierbeuteln unterbringen!
- Wenn Sie in einem Fahrzeug wild kampieren, bewahren Sie den Müll bis zu seiner Entsorgung im Wageninneren auf!
- Bedienen Sie sich für Nahrungsmittel luftdichter Behälter!
- Reste von Lebensmitteln sollten nicht einfach liegen gelassen werden. Nehmen Sie diese gut verpackt wieder mit nach Hause!
- Locken Sie einen Bären nie mit Futter an, nur um ihn besser fotografieren zu können! Halten Sie Abstand. Wenn er sich bedrängt fühlt, kann er aggressiv reagieren!
- Sollten Sie im Spätherbst, Winter oder Frühjahr auf den Bau eines Bären stoßen, dann bedenken Sie, daß diese Tiere keinen Winterschlaf, sondern eine Winterruhe halten, erwachen könnten und jederzeit bereit sind, ihr Lager zu verteidigen. Untersuchen Sie um diese Jahreszeit niemals eine Bärenbehausung – es könnte extrem gefährlich werden!
- Nähert sich Ihnen ein Bär, ohne Sie zu bemerken, geben Sie ihm stets Vorrang. Weichen Sie ihm langsam nach der Seite hin aus!
- Ein aufgerichteter Bär ist noch lange nicht aggressiv. In dieser Stellung versucht er, mittels seiner Nase Witterung aufzunehmen, besser zu sehen und zu hören, um das sich vor ihm Befindliche identifizieren zu können. Behalten Sie die Nerven, sprechen Sie ihn an, und bewegen Sie dabei Ihre Arme hin und her. Wenn der Bär weiß, wen oder was er vor sich hat, zieht er sich in den meisten Fällen zurück!
- Ein bellender oder grunzender Bär, der immer wieder seinen Rachen aufreißt und sich zur Seite wendet, um seine Größe zu demonstrieren, signalisiert Aggression! In diesem Fall sprechen Sie mit ruhiger, aber fester Stimme zu dem Tier, vermeiden Sie jede angriffslustige Haltung Ihrerseits, und gehen Sie langsam zurück. Beobachten Sie das Verhalten des Bären! Sie können eine Vielfalt von Aktivitäten wahrnehmen: vom Rückzug des Tieres über das Umkreisen unter Wind bis zu einem langsamen Auf-Sie-Zukommen oder ein Anstürmen. Letzteres bedeu-

tet nicht unbedingt einen lebensbedrohenden Angriff. Damit versuchen Bären oft, einen Ausweg aus einer Situation herauszufinden, die sie als bedrohend empfinden. Sie starten einen „Scheinangriff" und treten dann wieder ab. Solche Scheinangriffe können sich einige Male wiederholen.

- Greift ein Bär Sie an, und es erscheint Ihnen ein direkter Kontakt unvermeidbar, dann lassen Sie sich zu Boden fallen, und schützen Sie lebenswichtige Organe! Gesicht nach unten, die Knie bis ans Kinn hochgezogen, beide Hände im Nacken verschränkt. Wenn Sie einen Rucksack tragen, ziehen Sie ihn über Nacken und Kopf. Sehr wichtig ist, daß Sie bewegungslos liegen bleiben. Wenn der Bär nämlich versuchen sollte, an Ihnen herumzuzerren, können auf diese Weise ernste Verletzungen reduziert oder verhindert werden. Viele Menschen haben Attacken von Bären so unbeschadet überlebt.
- Der „verdorbene" Bär – so nenne ich den hinlänglich bekannten „Problembären" – ist mit Vorsicht zu genießen! Wenn Sie in besiedeltem Gebiet Schwierigkeiten mit Bären haben, die plündern, stehlen oder einbrechen, melden Sie dies sofort dem nächsten Gendarmerieposten! Ein Abschuß sollte der allerletzte Ausweg sein, auch kann ein verwundeter Bär extrem gefährlich und unberechenbar werden!

Jetzt werden Sie sich vielleicht denken, daß man schon längst auf all diese Punkte hätte hinweisen müssen. Daß dem nicht so ist, hat seine mehr oder weniger einleuchtenden Gründe: Die Befolgung derartiger Vorsichtsregeln ist unbequem, und die Wiedereinbürgerung des Braunbären fände nicht viele Förderer und Befürworter, denn etliche Wanderungen durch unsere heimischen Wälder könnten für so manchen nicht mehr Erholung bedeuten, sondern in Streß ausarten. Ein weiterer Grund liegt in unserer Mentalität: aufgeklärt wird immer erst dann, nachdem etwas passiert ist. Aber ehrlich gemeinte Aufklärung kann vorbeugen, und Maßnahmen, die tatsächlich durchgeführt werden, sind der beste Schutz…

VOM GROSSEN BÄREN ZUM TEDDYBÄREN

Über die gesamte nördliche Halbkugel, auf der Braunbären verbreitet waren und zum Teil noch sind, ranken sich die sagenhaftesten Geschichten über diese Tiere.

Ausschlaggebend dafür war der vor etwa 10.000 Jahren ausgestorbene Höhlenbär *(Ursus spelaeus)*, ein wahrer Riese seiner Art. Vierzigtausend Jahre hindurch stellten ihm die Menschen mit – aus der Sicht des Atomzeitalters – primitiven Waffen nach, töteten ihn oft unter schweren eigenen Verlusten und verehrten ihn als Bindeglied zur allumfassenden Urkraft, zu Gott oder den Göttern.

Diese Verehrung wurde auch dem am meisten verbreiteten Braunbären zuteil. Grabbeigaben aus der Steinzeit in Form von Bärenschädeln oder -knochen wurden in französischen Höhlen gefunden, und noch im 19. Jahrhundert wurden tapfere Indianerkrieger, in Bärenfelle eingeschlagen, auf Holzgerüsten oder geeigneten Bäumen freiluftbestattet und unter rituellen Tänzen in die Ewigen Jagdgründe geleitet.

In gewaltiger Dimension sind nachts auf dem nördlichen Firmament zwei Sternbilder zu erkennen, der Große und der Kleine Wagen, die aber in der klassischen Mythologie Großer Bär *(Ursa major)* und Kleiner Bär *(Ursa minor)* genannt wurden. Der griechischen Sage nach ist der Große Bär die von der Göttin Artemis in eine Bärin verwandelte und von Zeus unter die Sterne versetzte Kallisto, die Geliebte des Göttervaters, der Kleine Bär hingegen ihr Sohn Arkas. Auch für einige nordamerikanische Indianerstämme versinnbildlichten dieselben Sternbilder lange vor der Entdeckung Amerikas den Bären. Nur die tapfersten Indianer durften Bärenzähne auf einer Kette um den Hals tragen. Hatte einer von ihnen einen Bären getötet, zählte diese Tat zu den heldenhaftesten, und die Kraft des Tieres übertrug sich auf den Menschen. Niemals wurden Bären in ihren Winterlagern getötet, denn dies brachte Unheil über den gesamten Stamm.

Die Inder zählen sogar sieben Stern-Bären auf dem Firmament. Der Polarstern am Schwanzende des Kleinen Bären dient dem Menschen seit Jahrtausenden als Orientierungshilfe: er zeigt uns unfehlbar Norden an.

Auch auf uns Europäer übte der Bär eine starke Faszination aus. Im altnordischen, griechischen, slawischen und finnischen Volksglauben ist er ein heiliges Tier, im altdeutschen Tierepos „König der Tiere“ und Sinnbild der Stärke. Sein Fett und Fell wurden früher zu Arzneizwecken verwendet. Die Bärenjagd war im Mittelalter bei den Rittern sehr beliebt. Etliche Städte (Berlin, Bern, etc.) und Orte führen den Bären in ihrem Wappen, auch unzählige Orts- und Gebietsnamen lassen sich auf ihn zurückführen. Vielleicht stammt auch der Ausspruch „Das hab ich mir nicht aus den Fingern gesogen!" aus jenen vergangenen Zeiten, als die Menschen noch glaubten, daß sich die Bären Milch oder Fett aus den Klauen saugen, um karge Zeiten zu überleben. Ähnlich verhält es sich wohl mit dem Wort „bärig" für bärenhaft, stark, gewaltig, toll, das auch heute noch oft verwendet wird.

Theodore Roosevelt, dem 25. Präsidenten der Vereinigten Staaten von Amerika (1901–1909), sowie einem Karikaturisten und einem findigen Geschäftsmann ist es zu danken, daß heute viele unserer Kinder und auch einige Erwachsene besser schlafen können: behütet, beschützt von und angeschmiegt an ein kuscheliges Plüschtier, den Teddybär, das einen angenehmen Schlummer ermöglicht.

Roosevelt war ein leidenschaftlicher Jäger. Auf seinen Amtsreisen wurden auch Jagd-Camps eingerichtet, in denen er sich in seiner Freizeit gerne aufhielt. Im Verlauf einer solchen Reise, die ihn im Jahre 1902 nach Missouri führte, wollte er einen Braunbären schießen. Der Jagdausflug verlief erfolglos, und um Roosevelt bei guter Laune zu halten, schleppten einige Anwohner einen halbwüchsigen Bären herbei, angebunden an eine Leine. Auf den Vorschlag, er möge als Ersatz doch diesen Bären schießen, erwiderte der Präsident: „Da hört sich doch alles auf! Würde ich dieses Bärenkind erschießen, könnte ich meinen eigenen Kindern nie mehr in die Augen sehen" und lehnte kopfschüttelnd ab.

Der Karikaturist einer namhaften amerikanischen Tageszeitung, der den Präsidenten begleitete, brachte diese Szene sehr geschickt zu Papier. Sie zeigte einen übertrieben großen, bewaffneten Roosevelt und ein winziges Bärchen. Die Karikatur wurde im ganzen Land rasch unter die Leute gebracht. Ein Geschäftsmann nahm sie zum Anlaß und ließ einen Minibären aus Stoff anfertigen.

Anläßlich eines Galadiners für Präsident Roosevelt fand das Plüschtier als Tischdekoration Verwendung, weil er auf der Jagd ein Bärenkind verschont hatte.

Der Stoffbär bekam den abgekürzten Vornamen des Präsidenten und machte als „Teddy" weltweit Karriere.

MEIN DANKESCHÖN

Dieses Buch ist das Ergebnis einer sieben Jahre währenden Forschungsarbeit, deren Zielsetzung es war, herauszufinden, wie sich natürlich zugewanderte Braunbären in unserer Kulturlandschaft und dem Menschen gegenüber verhalten. Ob die Gefahr, die von diesen Tieren ausgeht, kalkulierbar ist und die entstehenden Schäden minimierbar sind. Wieviel Braunbären wir bei gutem Willen „dulden“ können. Welche Konflikte entstehen und welche Chancen diese Tiere in unserem Land haben, um als Bestandteil der Natur angesehen und akzeptiert zu werden.

Ohne die finanzielle Unterstützung einer kleinen privaten Interessengruppe und die direkte wie indirekte Mitarbeit einer Vielzahl von Personen hätte diese Arbeit nie zustande kommen können. Auch die Niederschrift des Manuskriptes sowie das Erscheinen dieses Buches sind dem Zusammenspiel vieler Komponenten zu verdanken.

Dafür habe ich in erster Linie dem Chefredakteur der steirischen Jagdzeitschrift „Der Anblick“, Herrn Hannes Kollar, der die Fäden zu meiner Verlegerin, Frau Prof. Dr. Ilse Dvorak-Stocker, gesponnen hat, herzlich zu danken. Die professionelle, aber immer in einer herzlichen Atmosphäre abgewickelte Arbeit mit allen an diesem Buch beteiligten Mitarbeitern und Mitarbeiterinnen des Leopold Stocker Verlages hat mir viel Freude bereitet. Das Einfühlungsvermögen des Lektors Dr. Wolfgang Klesl und sein offensichtliches Interesse am Thema dieses Buches haben meine letzten Zweifel darüber beseitigt, ob es überhaupt geschrieben werden soll. Ich habe sehr viel von ihm gelernt.

Der Direktor des Hellbrunner Tiergartens in Salzburg, Herr Dr. Rainer Revers, war von meiner Idee, ein allgemeinverständliches Buch zu schreiben, begeistert und von der Wichtigkeit einer sachlichen Darstellung der gegenwärtigen Situation überzeugt. Sein Einfluß auf mich war ausschlaggebend dafür, daß ich dieses Buch früher als geplant verfaßt habe.

Ein großes Lob gebührt jenen zuverlässigen Mithelfern in der Feldforschung, die bei oft schlechtesten Wetterbedingungen ausharrten und bei unseren Begehungen nicht vor steilem oder unwegsamem Gelände zurückschreckten. Dazu gehören in erster Linie der Kärntner naturkundlich interessierte Herbert Ranner als mutiger Dickicht-Begeher; der in mehreren Berufen ausgebildete scharfe Beobachter Siegfried Maurer aus der Steiermark, der sich trotz metallverschraubter Oberschenkel geländegängiger als so mancher Haflinger erwies; Axel Bindner, ein immer gut aufgelegter Tierfilmer aus Bayern, der in

Kälte, Schnee und Regen wochenlang ausharrte und die ausführlichsten Protokolle niederschrieb; sowie Paul Rintelen, ein Kärntner Biologiestudent, der im Alleingang die beschwerlichsten Auf- und Abstiege in Blitzeseile absolvierte und im Kartenzeichnen und Kopieren Ausdauer und Genauigkeit unter Beweis stellte. Nicht zuletzt ein Lob für Sonja Kracher, die – als Angestellte im Sozialwesen – den Großteil ihrer Freizeit opferte und uns bei der Suche nach Spuren und Fährten sehr behilflich war. Mit ihren naturnahen Zeichnungen, die sie zum Teil aus dem Gedächtnis anfertigte, lieferte sie wertvolles Material in der Feldforschung. Ebenso trägt sie hohen Anteil an der Erstellung unserer Planquadrat-Handzeichnungen, die sich bestens bewährt haben.

Den weit über sechzig Bewirtschaftern von Almhütten, die ich im Lauf der Jahre in den von Bären durchwanderten Gebieten besucht habe, verdanke ich wichtige Informationen. Für die freundliche Aufnahme während vieler Jahre und die Möglichkeit, Geräte und Ausrüstung auf der Hermagorer Bodenalm, Kärnten, unterzubringen, sowie für die oftmals kostenlose Versorgung mit köstlichen Speisen danke ich dem Pächter- und Almbewirtschafterpaar Aloisia Zobernig und Othmar Bidner. Dem Besitzer der Fischeralm, ebenfalls in Kärnten, Herrn Georg Wassertheurer, bin ich für seine Hinweise und spontane Mithilfe desgleichen sehr verbunden.

Bei den Österreichischen Bundesforsten in Kärnten, der Steiermark, Oberösterreich und Salzburg wowie bei den Steirischen Landesforsten möchte ich mich für die stets offenen Ohren in Sachen Bären, für Benachrichtigungen über diese Tiere, aber auch für die Begleitung durch zahlreiche dort angestellte Jäger zu den „Tatorten" in den Revieren herzlich bedanken.

Von den vielen privaten Forstbetrieben und Jagdbesitzern erlaube ich mir, die Mayr-Melnhofsche Forstverwaltung in der Steiermark, die Foscari-Rezzorischen Forstbetriebe in Kärnten, die Schaumburg-Lippsche Forstverwaltung in Oberösterreich, die Prinz Reußsche Forstverwaltung (Wildpark Mautern) in der Steiermark und die Colloredo-Mansfeldsche Forstverwaltung, ebenfalls in Steiermark, zu erwähnen. Sie haben mir geradezu vorbildlich bewiesen, daß es ein Miteinander von Bär und Mensch geben kann. Schäden, die Bären auf dem Gewissen hatten, wurden zwar den zuständigen Behörden gemeldet, aber in der Öffentlichkeit kein Aufhebens darüber gemacht.

Bei den Forst- und Jagdverantwortlichen ist das Verständnis für die Integration des Bärwildes wesentlich mehr verankert, als gemeinhin angenommen wird. Ein sichtbares Zeichen dafür setzten schon vor Jahren die Kärntner, die steirischen und die Salzburger Jägerschaften durch ihre positive Einstellung zur Erhaltung von Bärwild sowie durch Abschluß einer Versicherung, die die diesbezüglichen Schäden abdeckt.

Der Bürgermeister der Fünf-Dorfschafts-Gemeinde Weißensee, Kärnten, Herr Alfred Knaller, sowie die zuständigen Gemeindebediensteten und die ansässige Jägergemeinschaft verschafften mir viele Erleichterungen bei der Feldforschung.

Sehr angenehm überrascht hat mich die Kärntner Landesregierung, Abteilung Agrar, unter Herrn Mag. Konrad Brandstätter, die nicht nur mit Worten Interesse an der Bärenpopulation in ihrem Land zeigt, sondern sich in der Person des Herrn Dr. Rudolf Köpf mehrmals im Jahr persönlich vor Ort informiert und, um Einsicht in unsere Arbeit zu bekommen, mit uns an Begehungen teilnimmt.

Der Abteilung II RO der Kärntner Landesregierung unter Herrn Dr. Ing. Erwin Graze danke ich für ihr freundliches und rasches Entgegenkommen bei unseren verschiedenen Anliegen in Sachen Feldforschung.

Eine große Hilfe war die Zusammenarbeit mit den Jägerschaften der Bundesländer Kärnten, Steiermark und Salzburg: mit den Landes- und Bezirksjägermeistern, den unzähligen Jägern und Forstbewirtschaftern, die immer da waren und ihre Hilfe nicht nur anboten, sondern auch tatkräftig mithalfen, Sachverhalte aufzuklären und die ihre eigenen Erfahrungen mit Bärwild in unsere Forschungsarbeit einbrachten. Viele von ihnen gestatteten uns „tiefere" Einblicke in ihre Reviere, und es ist mir ein Bedürfnis, einige von ihnen hier zu nennen, wobei ich sehr herzlich um Verständnis dafür bitten möchte, daß diese Aufzählung allein aus Platzgründen keineswegs vollständig sein kann:

Anneliese Ceschka, Weißbriach, Mitarbeiterin im Jagdaufsichtsverband; Dipl.-Ing. Peter Sommeregger, Baumeister, Hermagor; Hans Moritz, Bäckermeister, St. Lorenzen; Christl Steiner-Mahr, Gutsbesitzer, Stockenboi (alle in Kärnten); Rudolf Schornsteiner, pensionierter Berufsjäger mit „hautnaher" Bärenerfahrung in den Wäldern um Wildalpen; Hegeringleiter Pater Bernhard und Gendarmeriepostenkommandant Wilhelm Riegler, ebenfalls Wildalpen; OFR Dipl.-Ing. Josef Frei, Bundesforste Bad Mitterndorf; OFR Dipl.-Ing. Hans Wimmer, Bundesforste Altaussee, und Friedl Priller, Berufsjäger, Altaussee (alle in Steiermark); ferner FR Dipl.-Ing. Tragatschnig, Bundesforste Millstatt (Knt.); OF Ing. Heinz Obersteiner, Bundesforste Techendorf (Knt.); OFR Wilhelm Gößler, Steirische Landesforste, Admont (Stmk.); OFR Dipl.-Ing. Bernd Leithner, Bundesforste Ebensee (OÖ); Leo Geier, Berufsjäger, Offensee (OÖ), sowie FM Dipl.-Ing. Hartmut Beham, Förster; Ing. Michael Kornek, Forstwart; Rudolf Berger, Berufsjäger; Ewald Stückler (alle aus dem Steyrlingtal).

Den verantwortlichen Redakteuren des ORF in den Landesstudios Steiermark, Salzburg, Oberösterreich und Kärnten, mit denen ich mehrmals in Sachen Bären zusammenarbeiten durfte, danke ich für ihre objektive Berichterstattung. Auch den Journalisten der in- und ausländischen Printmedien gebührt großes Lob, da sie immer positiver und informativer über Bären geschrieben und mich in den allermeisten Fällen richtig zitiert haben.

Viele Tierschutzvereine haben mich immer wieder angerufen und ihre Hilfe bei Schadensfällen durch Bären angeboten. Besonders rasch und effizient reagierte der Obmann des Vereines „Aktiver Tierschutz Steiermark", Herr Herbert Oster. Nachdem im Jahre 1994 Bären im Mariazellerland einige Bienenhäuser aufgebrochen und Schafe gerissen hatten, beschaffte er zwanzig Elektrozäune und stellte sie für Präventivmaßnahmen zur Verfügung. Bei ähnlichen Vorfällen in Oberösterreich setzte sich derselbe Verein ebenfalls hilfsbereit ein – ein leuchtendes Beispiel dafür, daß man gemeinsam und von vornherein Schäden, die durch Bären verursacht werden, minimieren könnte, so man nur will.

Ein Dankeschön auch an Frau Dipl.-Ing. Johanna Mang, Geschäftsführerin des World Wide Fund (WWF), die mir in einem Brief vom 5. Dezember 1994 ihr Mitwirken an einem Zusammenrücken aller am Bärenprojekt Interessierten sowie der Bärenprojektbetreiber des WWF in Aussicht gestellt hat.

ZUM AUTOR:

Hans-Peter Sorger, geb. 1939 in Leoben, Steiermark, lebte vorerst als Fachjournalist für den Bereich „Tiere" in Mailand, später in Rom. Nach einer Ausbildung in Kamera und Regie nahm er als Dokumentarfilmer an zahlreichen Expeditionen teil, die ihn u. a. nach Borneo, Vietnam, Thailand, Pakistan, in den Iran und in die Türkei führten. Seine große Liebe gehört den Braunbären, mit denen er sich seit 1965 kontinuierlich beschäftigt. Seit acht Jahren widmet er sich mit einer kleinen privaten Interessengruppe dem Leben und Verhalten natürlich zugewanderter Braunbären in Österreich, hält Vorträge, publiziert in Fachzeitschriften, Tageszeitungen und trat mehrmals in Hörfunk- und Fernsehsendungen des ORF auf.